CHINA ARCHITECTURAL EDUCATION

2015年　2015（总第9册）

主管单位：中华人民共和国住房和城乡建设部
　　　　　中华人民共和国教育部
主办单位：全国高等学校建筑学学科专业指导委员会
　　　　　全国高等学校建筑学专业教育评估委员会
　　　　　中国建筑学会
　　　　　中国建筑工业出版社
协办单位：清华大学建筑学院　　　　　同济大学建筑与城规学院
　　　　　东南大学建筑学院　　　　　天津大学建筑学院
　　　　　重庆大学建筑与城规学院　　哈尔滨工业大学建筑学院
　　　　　西安建筑科技大学建筑学院　华南理工大学建筑学院
顾　　问：（以姓氏笔画为序）
　　　　　齐　康　关肇邺　李道增　吴良镛　何镜堂　张祖刚　张锦秋
　　　　　郑时龄　钟训正　彭一刚　鲍家声　戴复东
社　　长：沈元勤
主　　编：仲德崑
执行主编：李　东
主编助理：屠苏南

编辑部
主　　任：李　东
编　　辑：陈海娇
特邀编辑：（以姓氏笔画为序）
　　　　　王　蔚　王方戟　邓智勇　史永高　冯　江　冯　路　李旭佳
　　　　　张　斌　顾红男　郭红雨　黄　瓴　黄　勇　萧红颜　谭刚毅
　　　　　魏泽松　魏皓严
装帧设计：编辑部
平面设计：边　琨
营销编辑：柳　涛
版式制作：北京嘉泰利德公司制版

编委会主任：仲德崑　秦佑国　周　畅　沈元勤
编委会委员：（以姓氏笔画为序）
　　　　　丁沃沃　马清运　王　竹　王伯伟　王建国　王洪礼　毛　刚
　　　　　孔宇航　吕　舟　吕品晶　朱　玲　朱小地　朱文一　仲德崑
　　　　　刘　甦　刘塨　　刘克成　关瑞明　汤羽扬　孙一民　孙　澄
　　　　　李子萍　李兴钢　李志民　李岳岩　李保峰　李晓峰　时　匡
　　　　　吴长福　吴庆洲　吴志强　吴英凡　沈　迪　沈中伟　张　颀
　　　　　张玉坤　张成龙　张兴国　张　利　张　彤　张伶伶　张珊珊
　　　　　陆　伟　陈　薇　陈伯超　陈梦驹　邵韦平　周　畅　周若祁
　　　　　单　军　孟建民　赵　辰　赵万民　赵红红　饶小军　秦佑国
　　　　　莫天伟　桂学文　夏铸九　顾大庆　徐　雷　徐行川　徐洪澎
　　　　　凌世德　唐玉恩　黄耘　　黄　薇　曹亮功　龚　恺　常　青
　　　　　常志刚　崔　恺　梁　雪　梁应添　韩冬青　覃　力　曾　坚
　　　　　潘国泰　魏宏杨　魏春雨
海外编委：张永和　赖德霖（美）黄绯斐（德）王才强（新）何晓昕（英）

编　　辑：《中国建筑教育》编辑部
地　　址：北京海淀区三里河路9号　中国建筑工业出版社　邮编：100037
电　　话：010-58933415　010-58933813　010-58933828
传　　真：010-68319339
投稿邮箱：2822667140@qq.com

出　　版：中国建筑工业出版社
发　　行：中国建筑工业出版社
法律顾问：唐　玮

## CHINA ARCHITECTURAL EDUCATION

**Consultants:**
Qi Kang　Guan Zhaoye　Li Daozeng　Wu Liangyong　He Jingtang
Zhang Zugang　Zhang Jinqiu　Zheng Shiling　Zhong Xunzheng
Peng Yigang　Bao Jiasheng　Dai Fudong
President:　　　　　　　　　Director:
Shen Yuanqin　　　　　　　Zhong Dekun　Qin Youguo　Zhou Chang　Shen Yuanqin
Editor-in-Chief:　　　　　　Editoral Staff:
Zhong Dekun　　　　　　　Chen Haijiao
Deputy Editor-in-Chief:　　Sponsor:
Li Dong　　　　　　　　　China Architecture & Building Press

图书在版编目（CIP）数据

中国建筑教育.2015.总第9册/《中国建筑教育》编辑部编著.—北京:中国建筑工业出版社, 2015.3
ISBN 978-7-112-17858-2

Ⅰ.①中… Ⅱ.①中… Ⅲ.①建筑学—教育—研究—中国　Ⅳ.①TU-4

中国版本图书馆CIP数据核字（2015）第042478号

开本：880×1230毫米 1/16　印张：9¼
2015年3月第一版　2015年3月第一次印刷
定价：25.00元
ISBN 978-7-112-17858-2
　（27088）

中国建筑工业出版社出版、发行（北京西郊百万庄）
各地新华书店、建筑书店经销
北京画中画印刷有限公司印刷
本社网址：http://www.cabp.com.cn　网上书店：http://www.china-building.com.cn
本社淘宝店：http://zgjzgycbs.tmall.com　博库书城：http://www.bookuu.com
请关注《中国建筑教育》新浪官方微博：@中国建筑教育_编辑部
请关注微信公众号：《中国建筑教育》

目录

主编寄语

编辑手记

EDITORIAL

EDITORIAL NOTES

# 主编寄语

建筑历史教学与改革一直是教学改革的难点，它不像建筑设计教学改革，好启动，易收效。首先是教材，更新不够；其次是方法，难以根本性转变。可喜的是华南理工大学建筑学院卓有成效的尝试，对历史建筑保护专门化教学以及建筑历史教学和古建筑设计教学的革新方式做出了有价值的探讨与总结。开篇文章是一个总纲，明确提出以建筑史教学观念调整为出发点，优化课程结构，建立连贯的纵向课程线，提出应注重理论讲授、设计训练、研究实践的结合。接下来的文章，从不同侧重点展示教学改革成果：有的从传统建筑设计教学的体会出发，从固有知识体系与设计自由之间的张弛关系出发，细致地介绍了一个设计教案的产生、发展及反思和改进，以实例说话，分量自不待言；有的就本科课程设置中，对历史环境下的城市设计工作坊的开展进行讨论；还有的就具体的技术层面的方法进行介绍，并对教学中的应用进行了总结……"专栏"的最后一篇文章则生动地介绍了"真实历史环境中的建筑设计"概况，并以6组学生设计案例与回顾性总结饶有趣味地展示了学生在设计各个阶段的心路历程，以此丰富教案研究与改进的样本。

"联合教学"栏目一直是《中国建筑教育》的常设栏目，本册是对北京交通大学以及天津大学分别在开展联合教学方面的经验与成果的介绍，值得一读。

接下来的"众议"则是《中国建筑教育》最活跃和多姿多彩的栏目之一。本册以校园中如火如荼开展的建造实践切题，意外收到大量来稿，观点纷呈，视野多维，对进一步提高校园建造活动的质量大有裨益。还有一些来稿因过于"学术"而改在后面几期的学术论文专栏发表。

本册的最后，是2014《中国建筑教育》"清润奖"大学生论文竞赛的成果体现，热烈祝贺获奖的18位同学，感谢相关指导教师的辛勤工作，同时特别感谢在繁忙工作中辛苦审阅几百篇参赛论文的各位评委。我们将持续举办全国大学生竞赛，期待在新的年度涌现出更多的优秀论文。

李东
2015 年 3 月
于北京

# 华南理工大学本科历史建筑保护专门化教学的探索与思考

肖毅强　冯江

## An Exploration on the Historic Building Conservation Specialization Teaching in South China University of Technology

■摘要：本文主要介绍华南理工大学建筑学院本科教学中的历史建筑保护专门化教学的实施情况。教学团队摸索新的教学方向和模式，以建筑史教学观念调整作为出发点，优化课程结构，建立连贯的纵向课程线，在高年级注重理论讲授、设计训练、研究实践的结合。从前5届（7年）毕业生情况看，该教学达到了预期目标。本文通过回顾历史建筑保护专门化教学开展的过程，整理思路、总结得失，为我国建筑学教育及历史建筑保护的专业发展提供参考。

■关键词：建筑教育　建筑史教学　历史建筑保护　专门化教学

Abstract：The article introduces the operation of Historic Building Conservation specialization teaching for undergraduate students in school of architecture, South China University of Technology. Oriented on rethinking of the idea of architectural history teaching, structure of the courses was optimized, and we also emphasize the combination of history teaching, design studio, research and practice program in grade 4 and grade 5. The teaching team explored the way of specialization teaching in last 7 years and realized the expected target. Through the retrospective of the teaching process, the article offers a thinking and some experience of specialization teaching on architectural historic conservation for undergraduate students in China.

Key words：Architecture Education；Architectural History Teaching；Historic Building Conservation；Specialization Teaching

结合建筑学科历史建筑保护专业的开办，华南理工大学建筑学院通过专门化教学的方式，一方面解决了历史建筑保护专业招生入口和毕业出口相对狭窄的问题，另一方面发挥了学院深厚的建筑史学科优势，多元化地培养了建筑学专业人才。历史建筑保护专门化教学作为华南理工大学建筑学院本科专门化教学模式的创新探索，到2014年夏天已经有5届学生毕业。专门化教学实施是长期准备和探索的过程，其中的课程结构优化和教学模式探索的经验与不足值得认真总结。

## 1.专业教育中建筑史教学的定位

我国建筑史教学在建筑教育中长期作为专业基础知识进行传授，而忽略了其对专业价值观及设计训练的价值。我们认为，建筑历史与理论教学对学生确立正确的专业价值观和开阔的专业视野非常重要。同时，学生对建筑史宝贵经验的深入理解，又对提高学生的建筑设计能力和专业研究能力具有积极的作用。建筑史教学中常规的教学内容和学时安排，会面临教学内容上广度与深度之间的矛盾，无法转化为有效的专业教育引导力量。而华南理工大学的建筑教育在历史上有着深厚的建筑创作与历史研究相结合的传统，如何创新与探索成为迫切的问题。

华南理工大学建筑学科创办于1932年，在早年的勤勤大学和国立中山大学时期，一批留学于法、德、美、日、意的知名专家教授，如林克明、胡德元、龙庆忠（非了）、陈伯齐、夏昌世、谭天宋等曾先后在系中执教，逐步形成了严谨、务实、创新的办学理念和专业教育特色。众多教授皆是跨专业方向的行家，如夏昌世教授研究园林史和传统民居，从乡土建筑中学习遮阳、隔热等地域气候适应性技术，开创了岭南现代建筑创作之路。建筑历史教学具有悠久的传统和雄厚的师资力量，自1930年代起，胡德元教授、林克明教授、龙庆忠教授、夏昌世教授等皆开设过建筑史类课程。在建筑历史教学过程中，强调中外建筑史的比较，从而引导学生构建世界建筑史的观念，建筑历史与城市历史、园林史相结合，与更广泛的社会、经济和思想背景相结合，尤其重视岭南地域建筑史的教学与研究，而在建筑设计的教学过程中，也注重与建筑历史研究的结合。华南建筑教育培养了一批在建筑历史与理论领域取得重要成就的学者，如：贺陈词（成功大学建筑历史教授，1946届本科毕业）、陆元鼎（著名建筑史家，1952届本科毕业）、李允鉌（《华夏意匠》作者，1953届本科毕业）、刘管平（著名风景园林教授，1958届毕业）、邓其生（岭南建筑与园林专家，1959届毕业）等。而建筑历史与理论专业早在1960年代已开始培养研究生，1981年建立了我国第一个具有博士学位授予权的建筑历史与理论专业博士点，龙庆忠（非了）教授成为我国首位建筑历史与理论博士生导师。

良好的建筑历史与理论学科资源长期以来主要在研究生阶段发挥作用，对人才培养的效应受到局限。同时，由于本科生缺乏对建筑历史与理论方向全面和深入的认识，阻碍了其对研究生阶段深入学习的热情，会导致建筑史类研究生生源短缺和素质下降。学校和院内专家结合国内学科

建设形势及发展需要，提议创办历史保护类专业，并于2004年向教育部申请设立"历史建筑保护"专业，获得教育部批准。学院采用建筑学大方向招生的方式，从2005级开始招收包含"历史建筑保护"专业的本科生。

在新专业建设的带动下，学院和建筑史教学团队重新确立了建筑史教学的价值，优化调整课程结构，增加建筑史类课程，建立了连贯的纵向课程体系，促进学生建立正确的建筑史观和培养历史理论研究的基本能力，对其理解力和建筑设计能力的培养起到了积极作用，推动了本科教学与学术研究的互动发展。

## 2.建筑史教学的模式策略

建筑学专业教育的改革完善，需要构建合理的建筑历史教学创新模式。同时，历史建筑保护专门化教学的推进，亦有赖于合理的课程结构作为基础。

结合建筑学专业教育的要求，配合建筑设计主干课程的教学，在低年级阶段侧重于帮助学生建立良好的建筑史观，从2003年开始尝试按照"史纲+史论"的方式进行建筑史教学。2008年正式完成培养计划调整，分别在一、二、三年级设立"建筑史纲"、"外国建筑史"、"中国建筑史"、"西方现代建筑思潮"课程。采用符合学科认知规律的方式安排课程，一年级"建筑史纲"课程采用教师组负责，以世界建筑史的角度讲授通识性内容；随后的"外国建筑史"、"中国建筑史"、"西方现代建筑思潮"课程则侧重于史论结合的深度教学，以启发式的专题讨论为主，旨在拓展学生的知识面，建立自主的专业价值观，培养浓厚的学术兴趣。在吴庆洲教授的主持和全体建筑史教师们的共同努力之下，建设了面向低年级的"建筑历史"教育部视频公开课和涉及完整纵向课程线的广东省精品课程。

近几年的教学改革上强化了低年级设计课程与建筑历史课程的教学互动。建筑历史教学纵向结构调整后，建筑史课程与同年级建筑设计主干课程的关系更加合理，有利于学生在进入设计基础和开始设计学习时，掌握基本的史学知识和观念。建筑历史课程与设计主干课程横向关系的构建，大大促进了学生对建筑历史与理论研究的兴趣，为四年级开始的历史建筑保护专门化教学奠定了基础。

在学院课程结构调整中，通过低年级重基础、大强度的设计教学，基本解决学生的建筑学专业设计基本能力的培养问题，完成低年级专业基础知识系统的构建，为高年级多元化的教学模式探索提供了空间。同样也为历史建筑保护专门化方向的教学提供了保障，高年级阶段被释放出来的

学习精力和学时数可以完整地用于专门化教学的使用，以确保教学效果。

### 3.建筑历史保护专门化教学的执行情况

当前中国的旧城改造和乡村建设进程中，大量的历史文化遗产需要得到正确对待；随着我国土地政策的调整，大量的建筑设计将在包括历史环境在内的建成环境中展开，建设活动需要在更加复杂的条件下和更为精细的思考中展开；在历史环境的土壤中进行的建筑设计诞生了许多既延续历史脉络又面向未来的杰出作品。历史建筑保护专门化教学的目标在于培养深入了解中国传统建筑和建筑传统、具备专业理论和观念，掌握相关专门技能的高素质专业人才。同时，也要求学生通过学习传统建筑智慧并从中获取建筑设计源泉，培养具备历史意识的建筑师，为未来进一步的面向建筑历史与理论、建筑设计及其理论、城乡规划、景观园林学等专业的研究生学习做好基础准备。

学院发动了近20名建筑史方向的教师开展专门化教学。建筑历史与理论学科主持——吴庆洲教授——是由龙庆忠教授培养的我国第一位建筑历史与理论专业博士，自1989年从牛津留学归国之后，就一直活跃在建筑史教学的第一线；吴庆洲教授曾两度获得联合国教科文组织亚太文化遗产保护奖，也获得过中国建筑教育奖、世界建筑史教学与研究阿尔伯蒂奖。程建军教授和郑力鹏教授在"中国建筑史"以及"建筑调研与古建测绘"教学中积累了丰富的经验，建立起课程的特色。陆琦教授等参与毕业设计的指导，形成了稳定的方法和较为严格的成果标准。从1990年代中期开始，建筑史课程即开始尝试适应当代建筑教育特

**图2　古建设计学生作业：广府祠堂祭厅设计剖透视（图片来源：2008级　马文姬）**

色的教学方法，一方面注重纵向专业线的形成，另一方面一批青年教师热情加入了建筑历史课程的教学；同时先后聘请来自美国宾夕法尼亚大学的Robertson博士和意大利费拉拉大学的Francesca Frassoldati博士担任授课教师，以英文讲授建筑史，探索更加契合本校学生特点的保持型双语教学。总体上，致力于在建筑史教学中营造活跃的教学氛围，建立一个更具有开发性的、更适合学生多样化兴趣的课程群；同时与相关课程紧密结合，邀请知名学者到课堂上教学和参加讨论，逐渐突破了传统建筑史学的知识传授，而形成了强调拓展建筑历史视野、培养历史思维、学习历史方法、注重专题教学的特色。

历史建筑保护专门化在前三年建筑学专业完全同步教学基础上，三年级下学期末采取学生自主报名的方式，选拔16~20名学生参与到从四年级上学期开始的专门化教学过程中。由于有低年级良好的建筑史教学基础和扶持政策，学生对历史建筑保护方向表现出浓厚兴趣，每年学生报名人数都大大超过限额，其中不乏建筑设计课程成绩优秀的学生。学生经过两年的专门化学习，毕业时除获得建筑学学士学位外，还同时获颁一张由院长何镜堂院士签名的历史建筑保护专业学习证书（图1）。

为了满足建筑学专业学位的教学要求，学院对部分教学内容和要求进行了特别安排。建筑史课程方面，专门化教学开设新的理论课程和组织古建田野考察，增加"传统建筑营造法"、"历史建筑保护概论"、"传统建筑设计"（图2）等课程，"历史建筑调查与测绘"要求学生更加细致和深入地解剖传统建筑，四年级暑期到以山西、河南、河北、陕西为主的地区进行为期两周的古建筑田野考察（图3）。

**图1　历史建筑保护专业的学习证书**

图3　学生古建考察报告手稿（图片来源：2005级　窦宗浩）

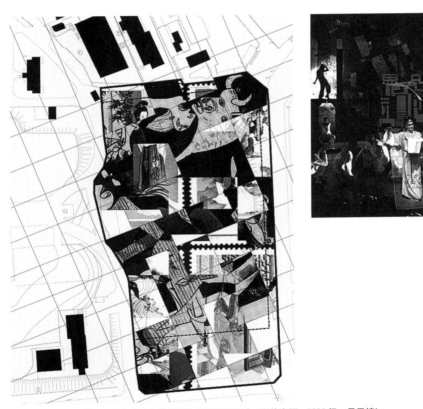

图4　以《暗恋桃花源》的叙事结构为参照的校园剧场设计（图片来源：2009级　吴恩婷）

　　在设计课的安排上，由具有丰富实践经验的建筑史教师在专门化教学中同时担任设计课程的指导老师。设计课教学的设置与同年级基本相同，主要的差别在于所有设计作业的选址都位于真实的历史环境之中，需要对场地进行历史文化解读和对现实做出判断。设计中加强对传统建筑文化、设计原理、建造材料与工艺、形态形成的历史过程和历史环境解析等方面的学习，但设计结果并不要求必须采用传统建筑的形式。因为训练内容的扩展和对成果完成深度要求的提高，每个学期只完成一个设计长题，辅以基地阅读、社会调查、国际联合设计工作坊、工地考察等短期的训练。例如，四年级上学期为校园剧演建筑设计，要求学生了解一出戏剧，讨论戏剧与空间、戏里与戏外等话题，了解戏剧性是如何创造出来的，并将这些思考结合到建筑设计中去（图4）。四年级下学期则是真实历史环境中的城市设计，学生们需要从城市尺度、街区尺度和建筑尺度上同时开展调查、阅读、解析和设计，并且同时思考过去、现在和未来。为了检验学生城市设计成果的质量，历年来邀请了来自加州大学伯克利校区、都灵理工大学、香港中文大学、卑尔根建筑学院等校的教授参与不同阶段的评图（图 5）。

在毕业设计中，设有专门的建筑历史板块，确保专门化教学的延续性并检验教学效果，并且可开展长达一年的导师制毕业实践。毕业设计由在建筑历史与理论专业招收研究生的导师进行主要指导，要求基地与历史环境密切相关，类型主要包括：保护性专项规划与设计；历史环境中的城市设计、建筑设计和／或景观设计；建筑修复设计／传统建筑设计等。

通过历史建筑保护专门化方向的学习，许多同学产生了对建筑历史与理论研究的浓厚兴趣，以各种形式参加到学术研究、建筑展览、SRP 等活动中。如：2005 级本科生李睿在五年级时参与了"在阳光下：岭南建筑师夏昌世回顾展"中的研究工作，并在《南方建筑》2010年第 2 期上发表了《夏昌世年表》。2006 级学生江嘉玮本科五年级时合作完成《走近 TEAM X》一文，发表于《建筑师》杂志第 152 期。此外，共有 5 份作业获评全国大学生建筑设计作业观摩与评选优秀作业；毕业设计成果共获得环境艺术学年奖金奖 2 项，银奖 4 项，铜奖 3 项，参与各种学生竞赛、公开竞赛获奖 21 项。在 2013 年的华南理工大学建筑学院教学成果展中，展出了 2007 级张异响 5 年的设计作业，比较好地反映了教学的完整过程（图 6）。

历史建筑保护专门化教学的整个过程强调了建筑历史和建筑设计教学的结合，若仅就历史文化保护方面而言，虽然新增了多门课程，在价值观、保护史、保护体系、保护技术、更新机制等方面有所涉猎，但总体上仍然只是一个启蒙。

图 5　城市设计（图片来源：2006 级　艾雪等）

2010.12 德怒之命德怒也会有德怒，当然包含所有人的德怒，从布托所体系一路过来，改革和新变不断变德怒，或者由于今年天，设计要多角探讨住往也不毛是那间建筑学年发。设计要多角品的各部分初始，固建筑，也响向了立部、平面、洲要的分工、墓复，由于商品考临保身于了起来。

辨认的翼性。建筑设计杯于，也就经常市一个完型解决问题。并且特列"清晰可读"的评价。

2010年的营造我的想法完实来源于AA的教学训练，赋予村庄不同的翼性，并用不同的建构准据来建造。而制作一起做的同学所在同想框起来。通过这�大字五年期在样五的训练。我们四把在自己上课，我们离血后的用务做模板，把构条身缩出了，运用编棚的方式把它立立了起来。

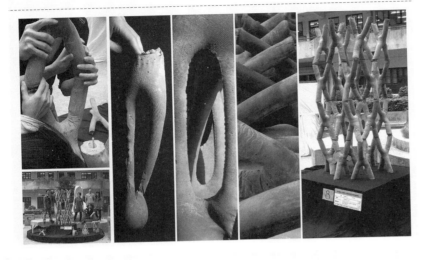

2011.05 图像分理，我栓了古调句门法方位。看新古建筑，都觉的在设计的色版形象要让差动动治解想当这一组可以显解含理念运行法则。并明确告框于末。食从多争理就要等门它怎万的特点是"系怒了。病质。有时间。

冷序华多多的远据海不系图像先满上。壤讨论意谓。什么法变的的要，我为付本要选这一领发生当何看。的对话的之度是半的。环境型条准治加域的固面让领可明有些。为什么？

汉怀的建的设大气器石里长道紧实。也据东知别发生自确解棉，端行几之际力"冬何3"冬何5？""之何可拉？"的新的话题。

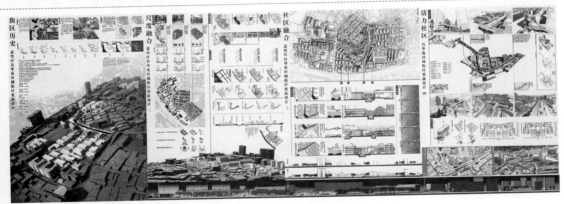

街区历史 | 尺度融合 | 社区融合 | 活力社区

2011.07 有营讨论的另一部分话题是关于知识的，古建考赛往于岁是到太多基本的传统建筑常识，我映得费骨，当时势惶各于了一段时间，只想那三年流覆了太多读书的时间，高适的过程也暂那能准集食用，传统未构建筑的发展一直是一诸搞纸丰部的过程，即叫义了解两旧本东工大卖尿工匠所惊一都的建筑学拉带，以见

他们做出来的东西。更觉得，我们不知要向何处，易感力忘记了从何处。

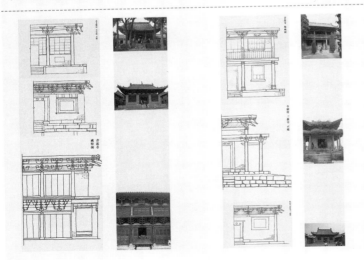

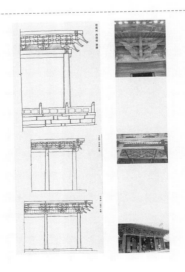

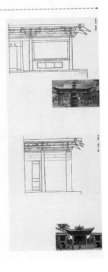

图6 从一个学生的作业历程看完整的教学过程（图片来源：2007级 张异响）

从 5 届共 84 名毕业生的情况看，49 名在清华大学、东南大学、同济大学、天津大学、南京大学和华南理工大学等国内高校攻读研究生，其中继续攻读建筑历史与理论专业的研究生共 22 名；前往海外留学的学生共 27 名，入读哈佛大学、麻省理工学院、宾夕法尼亚大学、哥伦比亚大学、密歇根大学、南加州大学、东京大学、苏黎世联邦理工学院、代尔夫特理工大学、卑尔根建筑学院、伦敦大学、利物浦大学、墨尔本大学、亚琛工业大学、香港大学等分布于 9 个国家和地区的高校。从目前的情况来看，可以说实现了专门化教学预定的人才培养目标。

## 4. 小结

华南理工大学历史建筑保护专门化教学经过多年的实践，迎接了开创性的尝试必然面对的挑战，克服了许多困难，走出了自己的特色。以本科教学的完善发展作为支点，在优化课程结构基础上，理顺了建筑历史教学的课程体系，探索了建筑历史与理论教学的创新模式。同时，也通过教学相长的方式，促进了建筑历史与理论的师资建设和学术研究，并通过良好的本科人才培养，为高层次历史建筑保护人才和建筑设计人才的培养模式提供了经验准备。

专门化教学模式需要不断地完善，以应对社会对建筑学人才的更高要求。在历史建筑保护专门化教学的基础上，华南理工大学建筑学院正在继续推进城市设计、数字建筑及绿色建筑的专门化教学探索。这些专门化方向的建设，与历史建筑保护一样，需要具有跨专业方向背景的师资资源，同时在培养计划中建立良好的纵向课程体系。而学生在专门化教学中，不仅得到相对深入的研究和学术能力，也拓展了专业视野，自主确定专业发展方向，将对自己和整个学科的长远发展带来积极效应。

**参考文献：**

[1] 彭长歆，庄少庞. 华南理工大学建筑学科大事记 (1932–2012) [M]. 广州：华南理工大学出版社，2012.
[2] 孙一民，肖毅强，王国光. 关于"建筑设计教学体系"构建的思考 [J]. 城市建筑，2011 (03)：32 ~ 34.

作者：肖毅强，华南理工大学建筑学院 教授，副院长；冯江，华南理工大学建筑学院 副教授

专栏

华南理工大学建筑史教学研究与改革

*Teaching Research and Reform of Architectural History in SCUT*

专栏主持　冯江

# 规则与自由：传统建筑设计教学笔记

肖旻

## Rules and Freedom: Notes of Teaching in Traditional Chinese Architecture Design

■摘要：建筑设计教学是理论知识、技术手段与艺术素养的综合训练。传统建筑知识的限定性为其设计教学中知识传授与能力培养的协调带来了一些特殊的困难。文章介绍了作者近年来关于传统建筑设计课程教学的实践过程，并提出了针对相关教学法的一些思考。

■关键词：传统　建筑　设计　教学

Abstract：Knowledge of the traditional Chinese building is definite in a restricted academic field, which brings some limitation to the coordination of the knowledge acquirement and capacity development in design teaching. Responding to the problem, teaching thought and tactic are discussed and shared by review of the traditional Chinese architecture design course.

Key words：Traditional；Architecture；Design；Teaching

## 1.课题的缘起与思考

历史建筑保护专门化教学是华南理工大学建筑学院建筑系教学改革的创新举措，自2008年开始实行。这既是职业建筑师培养中对我国当前城镇化进程中加强历史文化保护与传承的现实回应，也是对专业教学多元化探索的尝试。这一专门化教学在既有的本科建筑学专业培养体系内，增加了系列化的特色课程与教学环节，包括"历史建筑保护概论"、"传统建筑营造法"、"古建筑考察"、"传统建筑设计"、"毕业设计（历史建筑板块）"等。传统建筑设计课程，既是这一专门化教学体系的一部分；同时也是原有的建筑学专业主干课程——"建筑设计"——在高年级阶段的"专题设计"课程设置的一个组成部分。

对于建筑学本科专业的学生而言，建筑设计课程作为专业主干课程，从一年级持续到高年级，贯穿了学科基础与专业领域课程系统，融合了原理教学、专业知识传授、方法训练、过程实践、职业教育等广泛的内涵，承担了建筑学专业教学培养任务的核心内容。

传统建筑设计，作为针对中国传统建筑这一特定对象类型的设计教学训练，并不是在已有的建筑设计课程中简单地增加一种训练类型，通过题目设置的调整就可以实现，而是需要考虑以下两方面的特殊性：

一是对知识、原理、方法的系统性安排。传统建筑的知识、设计原理和设计方法构成了有别于现代建筑的整个系统。在目前本科建筑学的教学计划中，由于专业与职业的导向性以及教学时序的安排，难以充分地支持这一系统。普遍的做法是，在研究生阶段通过建筑历史等相关专业或研究方向的设置来保证传统建筑或历史建筑的相关教学研究活动；而在本科阶段主要进行建筑历史等理论课程教学。因此，传统建筑设计原理和设计方法的教授，必须借助其他教学内容进行补充才能完整。

二是知识的不确定性、原理的灵活性与方法的创造性之间的调适。现代艺术设计，强调设计师（建筑师）基于特定的艺术理念自主创造，而传统建筑的设计营造在社会文化制度的约束下，并非如此自由。如果过于强调历史的约束，例如传统建筑的形制问题，则这门设计课可能更像是知识性的课程，甚至变成"营造法式"的研究和制图练习。即便如此，如何在本科教学中把握学术上尚存争议的关于中国古建筑的各种"法式"与制度问题，也已经是一个艰难的任务；另一方面，如果要成为名副其实的"设计"教学，则必须在任务设置中为学生的自主探索和创造留出一定的空间，前提则是控制好对知识探究、原理约束的深浅把握。

基于上述的思考，本文作者在华南理工大学建筑学院高年级专题设计教学中开展了探索性的教学实践。自2009年开始，已经有5届学生的教学经验积累，本文尝试整理报告如下，以资交流参考。

## 2.教学计划与组织

（1）教学目标与特色

这一课程的教学目标为：理解历史研究、原理知识与设计能力之间的有机关系，掌握传统建筑规划设计的基本方法和步骤，以增加对更多设计实践类型的适应能力和增强对传统建筑艺术的鉴别、判断与相关实践能力。

教学目标明确了设计的主导性，由此也形成本课程的特色，体现在两方面。首先是设计与研究的关系。课程突出了设计导向的历史研究，当然对于本科生而言，这里的研究，主要还是启发与提示性质的，适当回应传统"中国建筑史"教学的知识点，同时引导学生体会到教材与固定知识点之外的空白方面，并视教学课时，适当介绍前沿的学术争议问题。其二，在把握"规则"与"自由"方面，教学中提出了开放性的设计原理分析，并通过过程引导的形式技能训练，逐步训练学生自主表达的空间设计能力，培养学生文化感悟能力。

（2）教学方法

教学过程中主要采用了以下方法：

1）专题与讨论

在教学的不同阶段，采用专题讲座的方式，对重要课题展开讨论，如"图像、风格与类型"、"尺度、侧样与构造"、"庭院、园林与空间"等专题。

2）系列化作业

在教学的不同阶段，设置系列化的小型作业，比较典型的是"中国古建筑庭院空间分析"。

3）阶段引导

以单体建筑设计为例，教学过程分为以下几个阶段：

阶段1：基础设计（木构架尺度与空间构成）；

阶段2：设计调整一，根据构图需要增加限定；

阶段3：设计调整二，根据时代与地方风格引进规则限定；

阶段4：设计发展，细化建筑材料与构造，完善空间体形与视觉效果的完整表达，通过设计过程感知传统匠意。

同时形成分阶段的成果表达：线框图（空间与尺度构成）—构架图（材料与结构）—建筑图（材料、工艺与构造）。

4）多种表达

教学过程中，鼓励通过建模（包括实体模型和计算机建模）分析和表达以深化对古建构造的三维认识（图1）；另一方面，教学中特别鼓励徒手表达以强化对古建空间的经验感受（图2）。

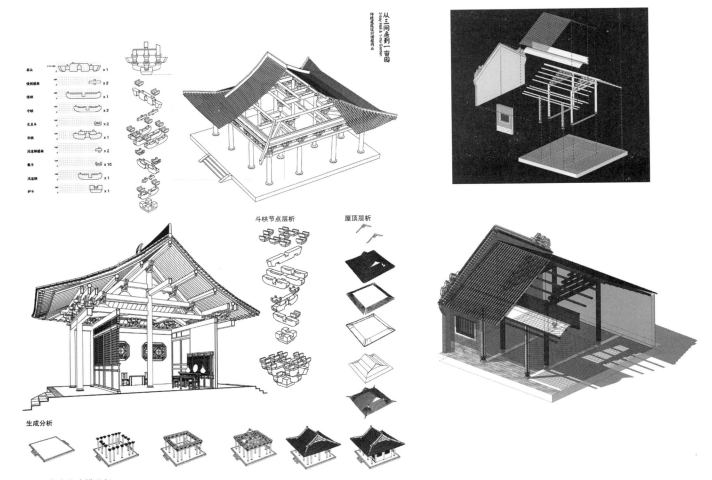

图1 古建筑建模分析

图2 古建筑手绘表达（一）

图 2　古建筑手绘表达（二）

### 3.教学过程简介

（1）开题阶段

专题讲座题目：《图像、风格与类型》

承接已经完成的传统建筑营造法、古建筑考察等环节，以设计语言解读古建典型案例图像风格特征，从建筑历史研究、设计原理分析切入到设计方法教学。

（2）单体设计教学

专题讲座题目：《尺度、侧样与构造》

建立基本模型（三开间、矩形、双坡），分析典型类型（宋、清代大小式，江南，广府）的形式特征，理解在相近的绝对尺度之下，不同法式类型的设计手法和风格效果。

（3）群体设计教学

专题讲座：《庭院、园林与空间》

1）庭院与古建筑群体规划设计原理

包含"院"的概念、纵横轴线、均质与不均质的空间、单体、界面、围合、深度等形式化分析方法的讨论。

2）中国传统园林空间模式分析

以私家园林（文人园林）为代表的小型园林，包含厅堂主体与庭院尺度、环水流线与视线控制、连续观景与深度观景等形式化分析方法的讨论。

3）小作业：《传统院落群体空间组合分析》（详见后文）

（4）综合设计阶段

近5年来，综合设计阶段选题经历了若干调整，反映了我们在教学探索中的一些思考。

### 4.综合设计选题演变与解析

（1）传统佛教寺院规划设计

2009～2011年，课程设计使用了"传统佛教寺院规划设计"的题目。采用"传统佛教寺院"作为对象，主要考虑到这是现存最为常见的传统建筑组群，并兼顾中国古典建筑（官式建筑）与地方建筑特色的不同倾向。课题曾经先后调整基地条件。第一年为真实基地的选题，要求重视对基地性质、特色的分析，在规划设计中予以回应；学习把不同层面的规划设计基本原理与具体项目条件相结合；主要选择宋或清的官式建筑设计法则完成单体建筑设计，考虑地方性特点对规划设计的影响；主要建筑结构形式为砖木结构。教学过程中发现，真实基地的分析和自主设计，对学生的建筑史知识把握提出了较高的要求，实际上需要学生投入更多的精力进行更多的课外学习和研究。2009年恰是华南理工大学建筑学专业本科"历史建筑保护"专门化教学改革探索的第一年，首批学生以极大的热情投入学习，总体效果较好（图3）。但考虑要实现更为稳定的教学效果，我们也对后续工作进行了调整。

在随后两年（2010～2011年）中，"传统佛教寺院规划设计"采用了虚拟基地的选题，以主体建筑的单体设计训练为重点，兼顾群体空间环境规划设计训练；同时，以传统佛寺为典型类型，分组进行指定风格类型、指定木构架类型、指定基本尺度的综合规划设计研究（图4）。这一调整明显加强了设计原理训练的分量，有利于学生按部就班地掌握知识和技能。但同时这一处理，留给学生的自主创造的余地较为有限，与本课程希望发展学生"设计"能力的初衷有些许偏离，这促使我们继续进行反思和调整。

（2）三间房与一亩园

2012～2013年，课程设计采用了"三间房与一亩园"的题目。课程包括两部分的内容：单体设计部分的题目为"三间房"设计；群体设计部分的题目为"一亩园"的设计。单体设计作为园林的主体厅堂融合在作业中。这一调整主要包括两方面的处理：

1）充分利用中国传统园林这一艺术特征强烈的类型，为学生创造自主设计的空间；同时通过课题任务书中对场地条件的约束，引导作业在建筑空间方向着力。设计训练的重点在于认识和理解传统建筑空间、形式与场地景观在运动中的流线以及视线引导下的变化效果，并作出园林总体布局。设计要求有明确的园林景观主题，鼓励结合景观特征和传统诗文典故，通过对设计的厅堂、亭榭等建筑赋予题匾等手法，增加对场所文化的感受。

2）单体设计方面，不再基于若干固定的样式分组（如宋式、清式等），教学中以一座

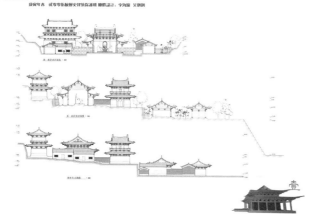

白雲山九龍泉寺設計

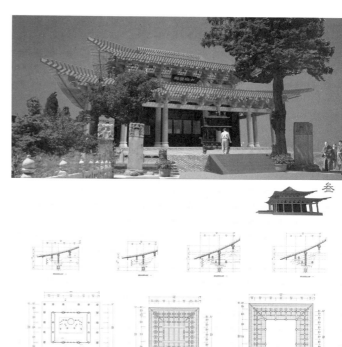

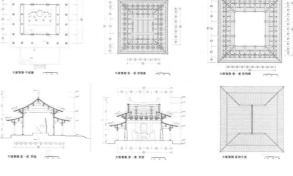

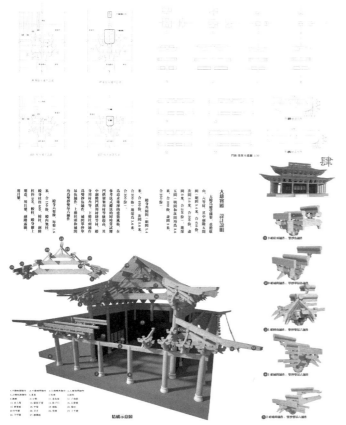

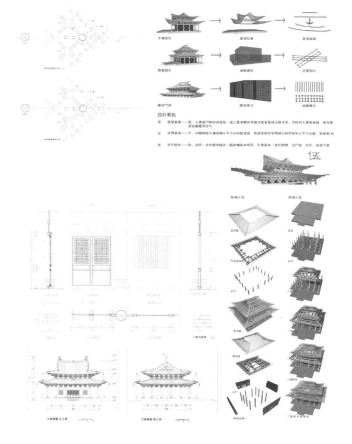

**图3　传统佛寺规划设计（2009）**

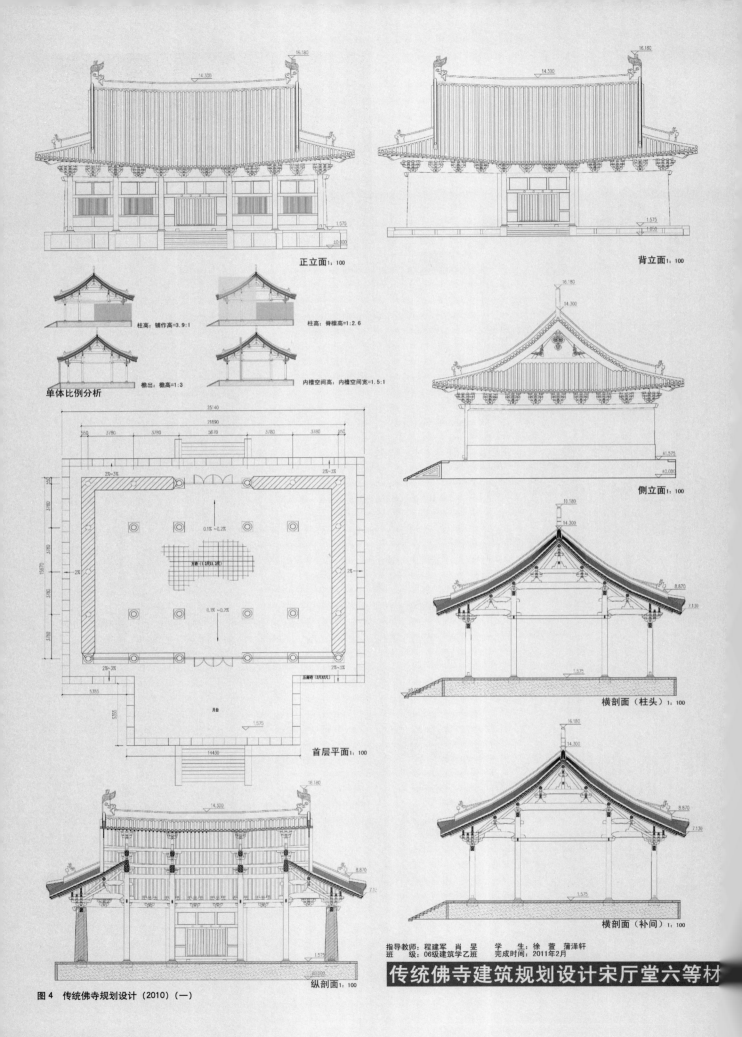

正立面 1：100

背立面 1：100

柱高：铺作高=3.9：1

柱高：脊檐高=1：2.6

檐出：檐高=1：3

内槽空间高：内槽空间宽=1.5：1

单体比例分析

侧立面 1：100

首层平面 1：100

横剖面（柱头）1：100

纵剖面 1：100

横剖面（补间）1：100

指导教师：程建军 肖旻　　学　生：徐 萱 蒲泽轩
班　级：06级建筑学乙班　　完成时间：2011年2月

**传统佛寺建筑规划设计宋厅堂六等材**

图 4　传统佛寺规划设计（2010）（一）

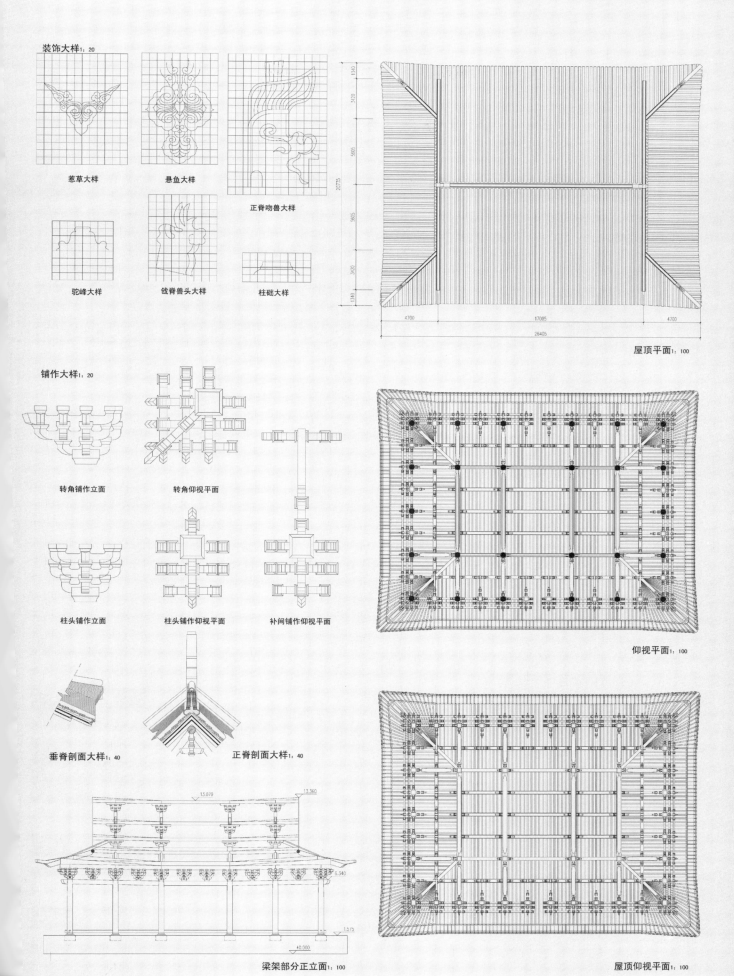

装饰大样1:20

蕙草大样　　悬鱼大样

正脊吻兽大样

驼峰大样　　戗脊兽头大样　　柱础大样

铺作大样1:20

转角铺作立面　　转角仰视平面

柱头铺作立面　　柱头铺作仰视平面　　补间铺作仰视平面

垂脊剖面大样1:40　　正脊剖面大样1:40

梁架部分正立面1:100

屋顶平面1:100

仰视平面1:100

屋顶仰视平面1:100

**图4　传统佛寺规划设计（2010）（二）**

19

各建筑说明列表

| 名称 | 间架和样式类型 | 面积(m²) |
|---|---|---|
| 山门 | 四架椽屋分心用三柱，单檐歇山，三开间 | 83.1 |
| 天王殿 | 四架椽屋通檐用二柱，单檐歇山，三开间 | 119.5 |
| 钟楼、鼓楼 | 二层楼阁，悬山顶，三开间 | 44.5 |
| 祖师殿、伽蓝殿 | 六架椽屋，悬山顶，三开间 | 198.8 |
| 大雄宝殿 | 八架椽屋前后乳栿用四柱，单檐歇山，五开间 | 347.9 |
| 配殿 | 四架椽屋，悬山顶，五开间 | 170.3 |
| 藏经阁、法堂 | 二层混合构架楼阁，歇山顶，五开间 | 210.2 |
| 方丈 | 四架椽屋，悬山顶，三开间 | 99.5 |
| 僧舍 | 四架椽屋，悬山顶，四开间 | 95.6 |
| 斋堂 | 四架椽屋，悬山顶，四开间 | 129.7 |
| 客堂 | 四架椽屋，悬山顶，四开间 | 96.3 |
| 厨房、库房、洗手间 | 四架椽屋，悬山顶，五开间 | 131.2 |

备注：主要建筑用六等材，柱径两材一契；附属建筑六等材，柱径一材一契
服务性建筑七等材

群体纵剖面

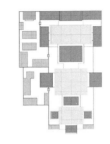

群体布局基本按照方格网布置。网格为30尺X30尺，大雄宝殿处在天王殿正脊到藏经阁边墙范围的中心位置，天王殿处在山门正脊到大雄宝殿月台前沿范围的中心位置。

六材等厅堂式的大雄宝殿规模不大，因此布置群体时仔细控制各院落比例以达到空间层层递进变化的效果。第一进紧凑，第二进方正，第三进较宽阔。

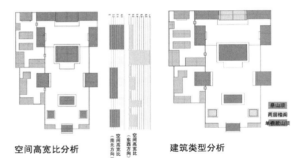

空间高宽比分析　　　建筑类型分析

悬山顶
两层楼阁
单檐歇山顶

空间高宽比
（南北方向）
空间高宽比
（东西方向）

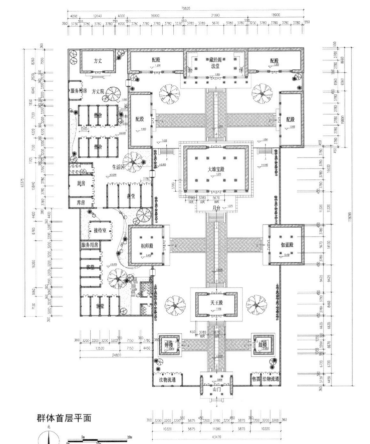

群体首层平面

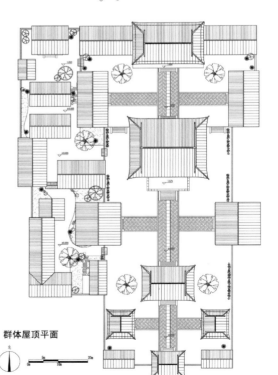

群体屋顶平面

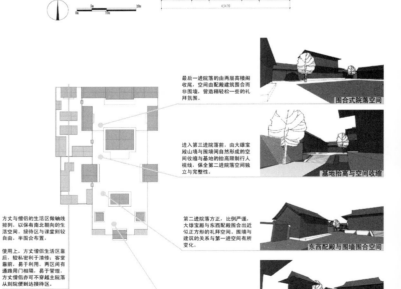

院落空间分析

方丈与僧侣的生活区做轴线排列，以保有南北朝向的生活空间。接待区与课堂到较自由，半围合布置。

使用上，方丈僧侣生活区靠后，较私密利于清修；客堂靠前，易于利用。两区间有通廊用门相隔，易于管理，方丈僧侣亦可不穿越主院落从别院便到达接待区。

最后一进院落的由两层高楼阁收束，空间与配殿建筑合而非围墙，营造轻松一些的礼拜氛围。

围合式院落空间

进入第三进院落前，由大雄宝殿山墙与围墙间自然形成的空间收缩与基地的抬高限制行人视线，保全第二进院落空间独立与完整性。

基地抬高与空间收缩

第二进院落方正，比例严谨，大雄宝殿与东西配殿合近似正方形的拜谒空间。围墙与建筑的关系与第一进空间有所变化。

东西配殿与围墙围合空间

第一进院落空间比较紧凑，阁楼式与厅堂式建筑生成活泼的天际线，因而不觉局促。

钟楼、鼓楼限定视线

图4　传统佛寺规划设计（2010）（三）

三开间、矩形平面的双坡顶房屋为基本型，展开尺度、材料、结构、构造与工艺的讨论，时代特征、地方特征、建筑等级作为风格化的手法渐次引入，在相近的绝对尺度（空间大小和使用）之下，理解不同法式类型的规则、手法和效果。工作大致分为三个阶段：线框图（空间构成）、构架图（材料与结构）与建筑图（材料、工艺与构造）阶段。

　　这一设想的主要出发点是设计教学训练应当减少对建筑历史专业学术性的讨论，重点加强设计语言要素（尺度、材料、构造等）的运用训练；目标是使学生能够以设计师的角度体验传统建筑的设计生成过程，并广泛地适用于对传统建筑艺术形式的把握。

　　这一教学内容的理论基础是建立一个关于传统房屋的基本形态、尺度的规范性知识。（注：尽管这方面尚缺乏成熟的建筑史研究共识，但基于教师团队在古建筑营造法式、尺度研究以及地方传统建筑形制方面的研究积累，已可为教学提供足够的学术支持[1,2,3]。详细内容限于篇幅待另文讨论。）

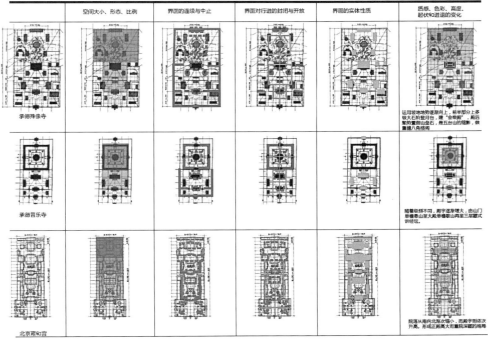

**图5　传统院落群体空间组合分析作业**

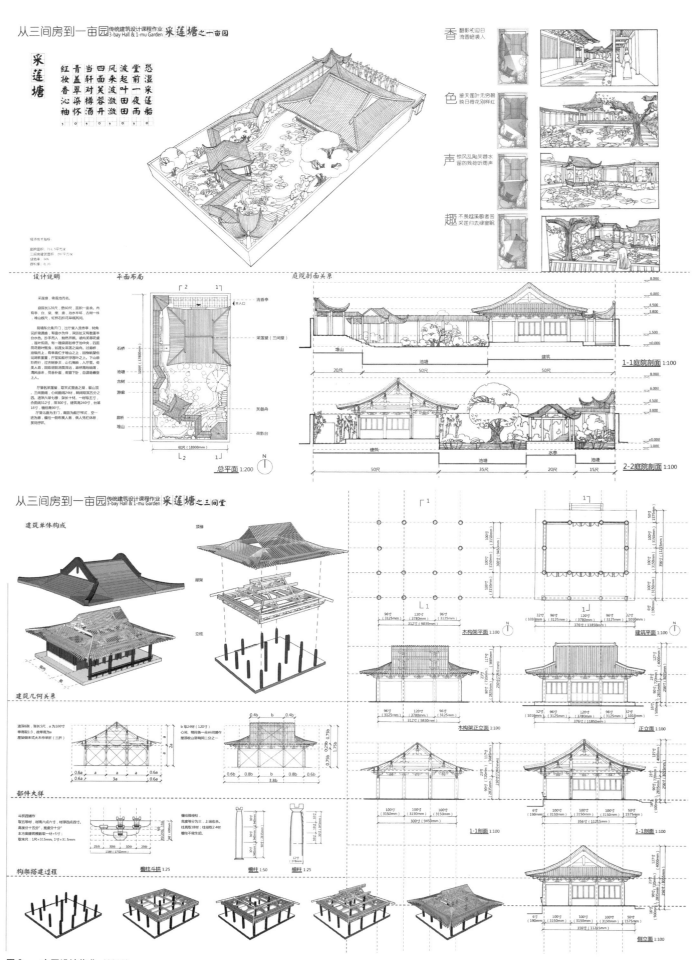

图6　一亩园设计作业（2013）

## 5. 任务书部分内容示例

（1）小作业《传统院落群体空间组合分析》设计任务书摘要

选择 5 处传统建筑庭院实例进行空间构成分析。重点训练对构成古建筑庭院空间的边界条件进行分析，理解传统建筑庭院空间构成的丰富性、实体性和经验性，同时发展对具体建筑元素的抽象化分析技巧。分析主题举例：空间大小、形态、比例；界面的连续与中止；界面对行进的封闭与开放；界面对视线的封闭与开放；界面的实体性质（厅堂、围墙或走廊）；界面的质感、色彩、高度、起伏和进退的变化……还可以关注：自然形态的界面；曲线的边界；虚边界（暗示性的边界）……更抽象的：界面的空间深度；界面的仪式性；界面的方位感等。注意在不同标高平面上（铺地、屋身、檐口等）边界特性的差异；界面的转角处理；建筑与非建筑界面的交接处理等。

根据上述主题或自选主题，以构图分析的手法（即以几何图形元素，本例主要是线条）在实例平面线条图底图上示意（通过颜色、粗细、线型、线条走向的变化等）（图 5）。

（2）综合设计选题《三间房与一亩园》设计任务书摘要

根据中国古典园林中私家园林（或文人园林）的设计原理，以传承中国传统文化精神为目标，设计一座用地面积约为 1 亩的私人游赏园林。具体要求如下：

1）用地面积为 650 ～ 750m²，矩形，长、短边长度自定。朝向自定。地形自定（场地内原始地形高差不得超过 1m，可适当堆山）。

2）边界为大于 3m 高的围墙，不考虑边界之外环境的影响。建筑物墙体可结合围墙。

3）围墙不得开窗，必须设一处入口，入口直接通向园林主人的住宅。

4）围墙上可设置一入水口一排水口，位置自定。

5）必备设计内容：一处厅堂（详见"三间房"作业）、一处水景、一处山或石景、一棵乔木（树冠大于 6m）。总建筑面积不得少于 150m²，层数不得超过 2 层。其余内容自定。建议：至少设置 1 处亭子、1 段游廊、1 处桥梁。

建筑风格要求在清晰、明确的设计构思下整体考虑，根据明清以来的江南园林或岭南园林风格进行设计。设计训练的重点在于认识和理解传统建筑空间、形式与场地景观在运动中的流线以及视线引导下的变化效果，并作出园林总体布局。作业的重点不在于植物配置、叠石堆山等配景设计以及建筑装饰色彩等细部设计方面。设计要求有明确的园林景观主题，结合景观特征和传统诗文典故，对设计的厅堂、亭榭等建筑赋予题匾（设计关键词：主题；路径；节点；视线；层次）（图 6）。

## 6. 结语

在本课程教学实践过程中，我们体会到传统建筑知识的限定性为其设计教学中知识传授与能力培养的协调带来了一些特殊的困难。在历年选题调整中，我们一直在平衡着规则与自由的关系，乃至设计与研究的关系。本文作为一个探索过程中的记录和思考，祈请方家指正。

（参与此课程教学的教师还有程建军教授，特致谢忱。）

**参考文献：**

[1] 程建军．岭南古代殿堂建筑构架研究 [M]．中国建筑工业出版社，2002．

[2] 肖旻．唐宋古建筑尺度规律研究 [M]．东南大学出版社，2006．

[3] 肖旻．广府祠堂建筑尺度模型研究 [J]．华中建筑．2012(06)．

作者：肖旻，华南理工大学建筑学院 华南理工大学亚热带建筑科学国家重点实验室 副教授

# 城市再生实践：导向"谦和"设计的教育方式

方馥兰（Francesca Frassoldati）

## Practices of Urban Regeneration: An Educational Approach to "Humble" Project Design[1]

■摘要：对城市中已经城市化的部分的再塑，并不能参考城市现代化的抽象模型。在某种程度上，前者反映了普遍城市现代化的范式危机。在真实的城市中，现代化总是无法避免地与城市的历史特征混合在一起。在考虑技术方法、设计意图和具体约束的时候，空间上的妥协是必要的。这就是在历史环境中开展城市设计工作坊的前提。本文以华南理工大学建筑系本科课程中设置的工作坊为例进行讨论。

■关键词：城市设计教育 城市再生 传统聚落 意义系统 价值判断

Abstract：The reinvention of existing parts of the urbanized system contrast with the reference to abstract models of city modernity. To some extent, the first responds to the paradigm crisis of a universal urban modernity. When real urban places are considered, their modernity mixes inevitably with historic features and spatial compromises are necessary between technical prescriptions, design intentions, and contingent constraints. This is the premise of the studio in urban design in historic environments, organized in the undergraduate programme of the School of Architecture of the South China University of Technology (Guangzhou).

Key words：Urban Design Education; Urban Regeneration; Traditional Settlement; System of Meaning; Value Judgement

In a global society that by 2050 will reach 70 percent of urban dwellers[2], not only is the urban area growing, but there is growing pressure for a substantial reorganization of former marginal spaces within urban agglomerations. As a consequence, spaces neglected during earlier phases of urban growth, as well as functionally obsolete areas, are incrementally reclaimed according to the new urban demand. The work of project designers is thus increasingly intertwined with the transformation of existing urban landscapes.

There is indeed a specific context for urban designers into general transformation of existing urban landscapes: the regeneration of traditional settlements. In the urban design practice applied to the transformation of traditional settlement, the society's relationship with the collective value judgement of the past, as well as "selective oblivion" (Vattimo 1984), is daily practice. Traditional settlements are regarded as obsolete and not suitable for modern lifestyle or alternatively with a certain nostalgia for past times. Nevertheless they frequently shelter lot of people and many are attracted by some of their special features, business or cultural traditions. Urban regeneration interest is for the commonplace of everyday landscape as well as for the capacity of specific cultural heritage to prosper even in transforming conditions. The point to start with an exploration of traditional and historic urban landscapes is in fact the acknowledgement that the capacity of organized people to shape and make significant changes into space is worth of our professional interest of urban designers. Traditional settlements were built generally without any designer support, although in most cases they do follow rules in spatial layout. Anonymous collective human work made traditional urban space a seamless whole, in which common housing, open spaces, green patches, special buildings and environmental elements such as watercourses and natural topography are knotted together. Crucial demands originate from this premise. If common people have been able to shape their inhabited space, what is then the role of project designers in our time? Will or will not our good intentions irremediably transform the whole, possibly for the worse?

We have to consider that areas selected for regeneration frequently are in need of improvements and the social and cultural resources, the ones which have built them up in the first place, may have weakened. The two conditions of need of refurbishment and weakened relations with social and cultural institutions of the past are not sufficient reasons to doom them to disappearance. If we still detect some valuable elements in traditional settlements, incremental modification can be more effective than radical eradication. In other words, we pursue regulated transformation of spaces through controlled phases. Controlled transformations need design. The visualization of different phases and scenarios of transformation in existing contexts is indeed a challenging task for urban designers. The reinvention of pieces of the city, establishing new ways of dialogues among urban diversity, is part of a social and cultural process that makes the city itself (Olmo 2010).

The reinvention of existing parts of the urbanized system contrast with the reference to abstract models of city modernity. To some extent, the first responds to the paradigm crisis of a universal urban modernity. When real urban places are considered, their modernity mixes inevitably with historic features and spatial compromises are necessary between technical prescriptions, design intentions, and contingent constraints. This is the premise of our studio in urban design in historic environments, organized in the undergraduate programme of the School of Architecture of the South China University of Technology (Guangzhou): we cannot look only at historic building preservation without considering the place in which they are located, they current use, and the way their accessibility can be extended to more citizens. To perform our programme, we selected a number of so called "villages in the city" or "urban villages" in Guangzhou. These places frequently provide a rich repertoire of traditional settlements and vernacular architecture; paradoxically, there is more layering of "urban history" in a village in Guangzhou than in the regular urban expansion of the "official" city. Academic literature on urban villages is plenty of contributions (Faure & Siu 1999; He, Liu, Wu & Webster 2010), and I will not add further knowledge on their features in this article. The studio does not argues on the existence of the villages or their political statute, but attempts nevertheless to tackle with their morphological diversity in the urban structure. Our fields of investigation is to figure out possibilities for making such diversity a resource for the city instead of an "urban problem" (indeed, this is how villages are generally perceived).

We developed three cases in the studio so far, and our experience is not sufficiently settled to say that with approaching urban continuity through time and diversity through space we are providing any new model to city development (on the theoretical reconfiguration of comparative positioning see: Osborne 2005). What I find particularly interesting is the disciplinary challenge to discover villages as places characterized by some diverse form of urbanity in Guangzhou city. In this exploration, we combine my personal background architect and planner trained in Italy and with direct experience of Italian historic city conservation  with a group of scholars interested in China's architecture history and design. Ideas about the city travel so easily in our world that frequently we do not consider that the way we conceive the city may have different roots. However, as far as whatever we do has to deal with space, we are embedded in a local place, with local conditions, opportunities and expectations, and all our ideas are forced to absorb "local flavours".

Studying villages is another way to say that we deal with "the other", what is not considered as normal urban development. The students who chose our studio know that more than in regular urban projects they have to understand the space they are dealing with. This is the richness of our exercise, and on the other hand its limit: students exercise do provide mostly a practice of thinking and simple spatial prefiguration. However, we conduct our studio in a collegial way, with frequent presentations in which all the four tutors and other students make comments to others' idea. We do invite to our final presentation some professionals and guests from different universities, in which not only specific proposals but also broader issues and different cultural approaches are openly discussed with students. We think that we are consolidating some knowledge on "historic common places" and the specific "humble" attitude of comprehension that is required to deal with them with the tools of urban design.

## Simulation and education

The education of future designers to this task is also a continuous challenge. Students have to be trained to anticipate visions of future scenarios which probably will never take place in the idealized forms they have conceived. As a general rule, students have to work with places or specific aspects of places that have been neglected. Places and even traditions have to be imagined and reinvented as a reinterpretation of what yet is present: for example, the ancestral halls are valuable buildings from  the point of view of material culture and represented the community in the old days, but have now limited functionality in most cases. Physical or cultural boundaries that make villages identified as diverse from the common city may encourage analysis and overwhelm design attitude. The technicalities required to understand how a building can be reused and the way modern utilities can adapt to ancient fabrics can transmit the misleading idea that architecture, design quality and aesthetic are not important. In fact, the possibility of visualizing changes for the better is a crucial disciplinary contribution to create collective imageries and a "system of meaning" (Healey 2007) which go beyond solutions to immediate problems. Urban regeneration is a preferential field to instrumentally exercise urban design.

Image 1　Interaction between tutors and students: models and drawings are used to discuss

The exercise starts with the requirement of detecting relevant issues: those more obvious, those that need a correct quantitative or qualitative assessment, those more intangible or invisible that are nevertheless necessary to ground ideas about space as well as to frame problems. These pieces of information are then organized into a narrative that identifies "the problems" that students will approach in their proposals. It is important, in this educational approach, to understand that problems are not defined until we, as designers with personal value systems and judgements, write them down. If problem setting depends on analytical interpretation, the designer work is not settled whatever place and situation. Work task and problem solutions come out of the relation with a place. In our simulations, fieldwork and intense work on physical models are necessary means to establish a personal relation with the place. Students cannot passively perform their duty, and we encourage them to defend their ideas during group presentations (Image 1).

The premise of our simulation is that despite diversities in the city are under threats of disappearing, we can pick some features to build a city richer in variety. Our role is to figure out spatial arrangements, with some general understanding of what different parties think: for example, how the chief of the district, the chief of the village and common families as well as occasional users and potential developers, position themselves with regards to change and transformation (Image 2).

## Understanding and mapping

The choice of urban villages offers multiple advantages from the point of view of education in spatial disciplines. It is mandatory for students to measure space with multiple scales. The village is an entity in itself, quite likely subdivided in different sectors, which combine morphological, typological and quite likely functional or organizational diversities (Image 3). A first level of observation is the way these differences combine together, their point of contact, exceptions and the rules. Then the observation has to move to a broader horizon, to explore how the space of the village and its activities connect or alternatively exclude or are separated from the regular city life.

Interesting aspects can then be highlighted. Physical elements meant to separate may build in fact positive relations, for example. We encountered the case of a wall that encircles part of a village and is meant to exclude the village from an urban park; however, the presence of the wall protect the village and generate a different quiet world, separated from the hustle and bustle of the metropolis. Students understood that access to all spaces is not necessarily the best way to deal with village space. In another village, a flyover was expected to represent a barrier between urban dwelling and the village world. The flyover is ultimately a border, but it also provides unexpected interconnections, with market activities, a garage, and a parking lot operated underneath. The same physical object can have a meaning

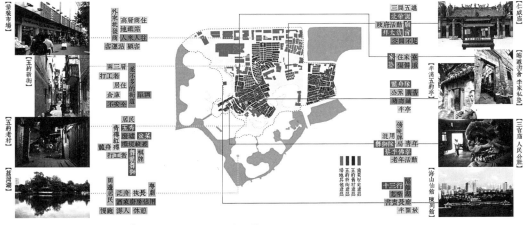

Image 2  "What do they think?" Different ways to use the village

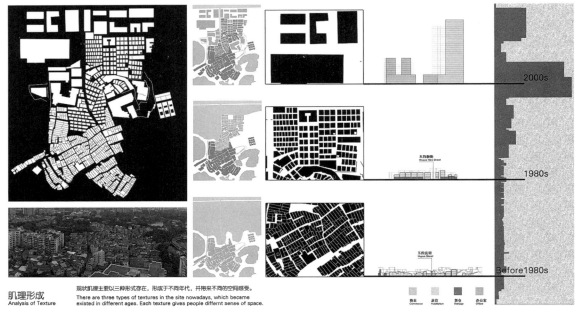

肌理形成
Analysis of Texture

现状肌理主要以三种形式存在，形成于不同年代，并带来不同的空间感受。
There are three types of textures in the site nowadays, which became existed in different ages. Each texture gives people differnt sense of space.

Image 3  One village different morphologies: spatial layouts to map different time of construction

when regarded at one scale, the scale of the city for example, and another one when it is represented in relation to the inner space of the village.

The understanding and the relevance of mapping is not limited to present day space, however. Students practice the mapping of ways in which spaces and spatial functions have changed across time, either maintaining a relatively similar layout and operational value, or changing that completely. The ancestral hall, the most special building typology in the village, in some case has been continuously renovated and well kept by family kinship for example. In other cases it has been kept as a building in the village space, but is used in other ways, sometimes very precariously by individual subjects for their residence, in some other cases maintaining a collective function such as clinic or school. There is yet another occurrence: functions of social gathering that traditionally organized around the ancestral hall may be well preserved even if the building is no longer there, which is a very challenging theme for design: uses that are so well established that they do not need a specific space to take place. People gather in an empty space that used to be the open courtyard facing the ancestral hall. While mapping, students come to realize that their understanding of spaces and the practical understanding of space made by users can be radically different, and it is not possible to neglect that users are our hypothetical final clients, although we are only into an exercise of simulation of spatial transformations.

This theme of "for whom" we are studying villages is crucial and transversal to the whole exercise. There is a general tendency to approach villages as relics, in which current inhabitants are generally too precarious to claim rights on or even knowledge of the space. The image of the village in students' mind is somehow simplified and naive in the early stages of the studio. It is the idea of a village as a quiet, slow—paced world, in which family networks are strong among the elderly who are imagined as the only real and legitimate occupants of the village space. Things are in most cases different: there are young people that orient at least part of their lives towards the village, either because of ancient family bonds or because they arrived in the village as migrants. In both cases, young people bring instances of modernity into the idealized village, that students do not necessarily recognize as something "natural" and in some cases stigmatize as something to keep separated from the "real" interesting village. To some extent, it would be easier to have a village inhabited by smiling grannies beloved by all possible visitors in their pacified representations. There will be reasons to visit them, they would be just a matter of interest for occasional visitors and tourism industry exploitation in traditional settlements. If there are normal young people, instead, it is necessary to care about

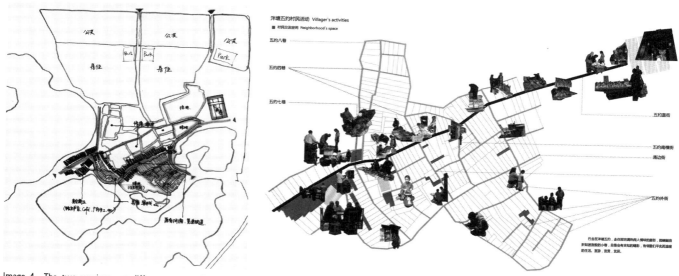

Image 4  The two versions, at different stages of the exercise, of a visualization of village values

rational housing solutions, education facilities, normal activities and jobs, etc (Image 4).

The mapping of villages brings into light contested boundaries, the way "others" are perceived and tolerated, and the trick of identity. In fact, the village is a microcosms in the city and one of the many icons of the troubled definition of community in our contemporary urban society. Our life is ultimately urban, but an agglomeration of 12 million plus inhabitants, as Guangzhou city is, does not generate a homogeneous society. It generates indeed many communities nested into the major agglomeration, which are named in some cases "residential compounds", "street communities" or "urban villages". Mapping is an exercise of positioning these nested communities in the balance of the future city, much more than an encircling of identity *per se*. The theme is crucial for professional who will have a role in decisions about the urban future in China, either working for public offices or private companies, and its implications go certainly beyond the scope of our students' exercise.

What is directly relevant is the capacity to read the layering of decisions about spaces, and particularly the combination of self-organized transformation that criss-crosses with imposed changes. Students or future-professionals have to recognize and incorporate at least in part the resources provided by another kind of source and author, but existing conventional studies and codified maps. Students have to be in the place, they have to speak with people, they need to make an effort to understand different languages (not only in terms of spoken language, but most of all the way to express ideas about spaces that are quite distant from the codified language we adopt at school). They have to understand the layering that allows things to modify although they retain some structural similarity (Image 5).

## Visualization: the story to tell

The analytical part is ultimately the premise to generate project ideas. This is the real challenge of the studio. We encourage our students to look at real cases and analyse them from a morphological and historical point of view, but always keeping in mind that they will finally have to confront with project ideas in which analysis should guide them. The shift from recording impressions to personal interpretation is a critical point. Usually it is the phase that requires longer time, as far as the way we organize studio work is an incremental finalization of initial intuitions. We do not force students to adopt our own tutors' view. This is particularly true in my case, as I come from a country in which the deepest respect is due to tangible and intangible heritage: even the most trivial vernacular attitude towards the use of space in Italy is regarded with some willingness of dignified conservation. This is sometimes

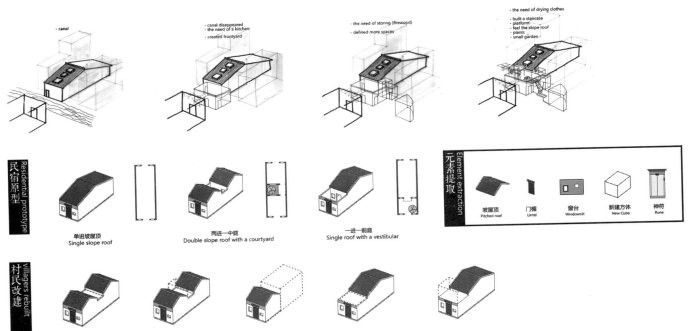

Image 5 How the sum of changes in personal dwelling makes a new street layout: mapping of transformations (Pantang village), modelization & strategy for possible intervention (Hubei village)

contradictory (imagine the contradiction of preserving agricultural landscapes as they are depicted in Renaissance paintings when modern agricultural techniques equally respectful of plants and general environment would provide better produce and possibly a better environment). This is not the approach to be pursued in China, and particularly in an urban environment such as urban villages, where it is in most cases extremely urgent to improve living conditions.

We do encourage our students to project their analysis of what is valuable and what is transformable in the village into the future of the city. Students are rather free to target existing inhabitants and imagine how they can live in the same place with better urban infrastructures and some job opportunities, or to imagine the village as a place for preservation of valuable buildings and inhabitants relocation in new constructions in the village. Some decide to focus on public spaces. Others want to develop ideas to make history "more visible", a trend that is quite common in urban practice in China. Although subjectively we may not agree on some of these choices, we subtly encourage students to be more comprehensive in their approach rather than deny them the freedom to explore their own way to tell a story about the future of neglected common places. We correct them when they are too ingenuous, or when feasibility is so unlikely that even as an academic hypothesis we cannot accept it. We try to limit the dimensions of public squares  my personal struggle: trying to explain students the inherent sense of enclosure that is associated with public spaces in vernacular settlements  as well as the amount of roads that are shifted to different locations and concealed in trenches prospecting high public investment. We try to force students to think creatively the integration of different means of circulation: villages are mostly pedestrian areas thus far, and this is in contrast with the modernist approach to urbanism that would encourage car circulation everywhere, as well it is in contrast with fire control regulation that prescribes a certain accessibility to all places in case of emergency. Imagination and regulation frequently generate conflictual responses to density. Exploration of urban density is one of the creative approach that we try to stimulate, because it is the very way to think out of the box in Chinese cities where apparently in recent decades urban regulation almost forced to approach urban renewal with high-rise buildings (Image 6).

The stories our students try to develop with their projects are about space, people, ideas, imaginations. These narratives of students' projects are progressively defined during the semester, in some cases they change radically if students realize their ideas cannot easily develop into detailed design as well as overall perspectives. Their stories of village

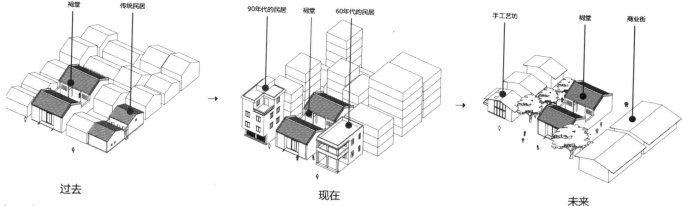

祠堂　传统民居　　　90年代的民居　祠堂　60年代的民居　　　手工艺坊　祠堂　商业街

过去　　　　　　　　　　　现在　　　　　　　　　　未来

Image 6　Reinvention of a public space

transformation have to be summarized in a short sentence, and become the title of the project—based research of each students team. Representation consistent with the title is another element of personal interpretation. Students mostly follow two major approaches: the more adherent with vernacular activities as represented in classic Chinese painting, used for traditional spaces as well as for contemporary ones; or alternatively a modern language to represent either traditional or modern spaces (Image 7). After supervising two batches of students, my impression is that the choice of one specific language addresses what students develop as a project. The selection of a language for representation is a sticky trick: in some cases, looking at projects in details, it seems that the final appearance of single "views" on the board matters to students more than the overall coherence of the project idea.

This is the limit we have to live with: this exercise is a very challenging test for Grade 4 students, but none of the proposals is perfect and concluded, as students do not have the means to control such a complex process and moreover the variables of a real process cannot really be incorporated in our academic simulations. The exercise is meant to combine old and new urban landscape, thinking about the history of tomorrow and accepting that no absolute truth comes from architecture and planning. Unpredictable evolutions are always possible, and villages have changed their role in the society a number of times already. Villages in the Zhujiang Delta have been regarded as the honest part of revolutionary society, the backward remains of an urbanizing society, the meaningless attractors of migrants, the core of vernacular architecture conservation. Their future role, if anything can save them from total oblivion and destruction, is not yet written.

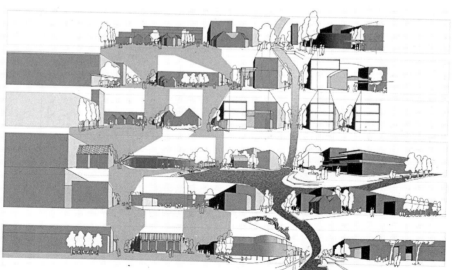

Image 7　Classic or modern? Different representation approaches

## Overall conceptualization: thinking about different urban futures

Among the many ways in which the future of villages can be re-framed within the city, their compactness with limited car traffic is one of the most peculiar. In part, this characteristic is opposed to regular urban design education in China, which privileges car accessibility according to modernist mainstream. The village can, to some extent, help to explore a post-modern urban society in which cars are at least in part substituted by access to functional public transportation. Cars are not neglected neither have to be banned; but it is not necessary that the whole city is designed on the basis of car accessibility, furthermore in a large city as Guangzhou where subway lines are well developed and the international trends, especially among young generations, is to postpone car ownership or totally renounce to car (Florida, Mellander & Stolarick 2011; Sivak 2013). Villages regain in this perspective the role of islands in which streets are designed for pedestrian and small cart circulation only, searching the best integration with public transportation and studying the way to position car parks guaranteeing both local needs and visitors' accessibility.

Through accessibility, we reach the core of all project proposals, which is: for whom is the village to be? As anticipated from the analysis of students, there are many ways in which this question can be answered. In most cases, the proposals seek mixed uses, in which the presence of villagers does not exclude visitors. Alternatively, re-targeted village for users interested in tangible and intangible cultural heritage that does not necessarily exclude migrants or newcomers interested in some features, offered in the village already, such as low-cost accommodation or dwelling opportunities that are not provided in the commercial market of the formal city. There are project proposals that combine the preservation of historic building with new dwelling style study, either for occasional visitors, for the relocation of existing inhabitants, or for newcomers. The idea to mix housing with temporary accommodation and commercial activities is something that villages have always provided, even if students are not necessarily at ease with that (Image 8). Housing combined with commercial activities is in fact the only possible way to revive the compactness of existing villages, guaranteeing at the same time decent living conditions. Shop premises in the first floor and housing in the upper floors, with typologies that can be varied and combined according to necessities, is an urban combination that only rejuvenated village features can offer. In the regular city, on the contrary, regulation and market converge to propose models of functional segregation in most cases.

Mixed uses in themselves do not orient towards specific styles: as it will be better explained in the following paragraph, the choice to work with low-rise-high-density urban fabric is not itself an indication of specific building style, and student can pursue opposite outcomes with very similar initial layouts (Image 9). There is moreover the attitude towards urban diversity that has to be considered, and this is also one of the deepest cultural

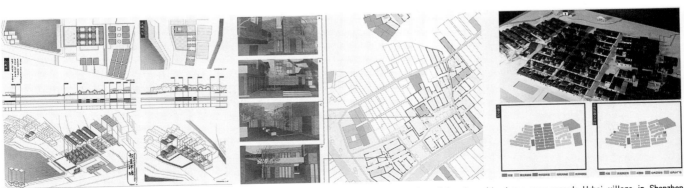

Image 8  Three different targets: separation of users, commercialization of space, and spatial integration of functions (the latter case regards Hubei village in Shenzhen in which socio-economic organization is very strong and students' work was somehow facilitated by the many constraints)

challenges[3]. In Europe we are used to consider a value the physical continuity of the city, which has been built in different times but appears as a whole organism at the first glance, and only more careful observations can refer a portion of the city to specific cultural times or specific "social contracts". Discontinuities and exceptions are rare, and valuable because of their scarcity in the "contextual city" conceived in the European culture. In Chinese urban culture, it seems instead that clear discontinuity is ruling contemporary city's agglomeration. In many cases, even within a relatively small compound such as a village, it is researched the discontinuity and the "surprise" of the unexpected. It is hard to say whether this syncretism is a reaction to cope with speedy urbanization or a deeper cultural attitude generated by a "city" shaped as an entity that has to respond to different rules, differentiating spaces for political institutions, commercial business, education, and the like (Jiang 2013).

In design terms, the range of students proposals span from projects in which villages increase their differences from the surroundings as clear discontinuity in the urban patterns to softly mediation of the relationship with residential towers and high—rise buildings that surround them. The issue of discontinuity is even more evident when buildings' elevation is considered: what is the approach, continuity, discontinuity or mediation? Students provide personal interpretations, with an attitude that to European eyes is certainly far from the first design line, privileging discontinuity and eventually some mediations (Image 10). Also in this case, the issue outlives our studios. Quite likely Chinese cities will set global trends in the world urban future. Since with the exercise on village future in the city we explore a hot topic in urban policies, at least in the city of Guangzhou, we think that the way of modernist homogenisation to similar norms of the whole urban space as ceased to be accepted as the only way to cope with modernization and urban quality. Citizens look for diversity, even if in most cases it is diversity as a short—term escape from conventional dwelling and office towers. Villages offer a diverse opportunity for urban life, being it focused on space, access, functional mix or social network.

### Specific ideas: space and building

The final step of the exercise, the one in which students put more efforts despite the short time to finalize projects after analysis and overall conceptualization, is that of detailed architectural design. Most students are convinced that without a precise style their proposal is not valuable. They force their projects to fit into styles that they can easily reproduce. It is in some cases tutors' concern to see that original approaches to urban design are sacrificed to appealing architectural styles that simplify too much the potential of proposals. The major risk is picturesque, the masquerade with traditional elements of roofing, gardening, etc. Even in this

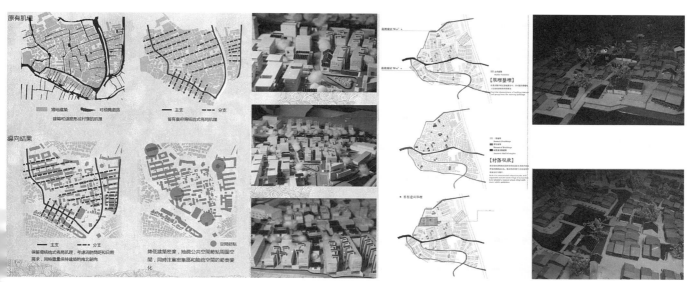

Image 9 From village pattern analysis to proposal: similar premises and comparison of the different outcomes in two students proposals

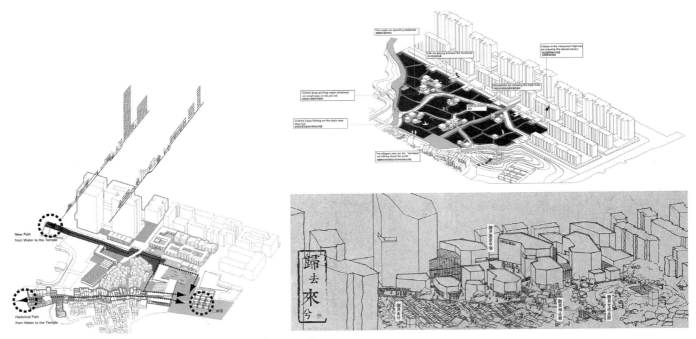

Image 10　Continuity, discontinuity and mediations in three project proposals.

case, I notice cultural difference. In the European approach to architecture in historic environments, the maximum respect for urban fabrics and original materials couples with the more careful attention not to be tempted by in—style design. Materials and techniques have to be reinterpreted through contemporary attitudes. The distinction between being an architect in a traditional historic environment and being a traditional builder is in most cases the line that no architect or student want to trespass. A different professional career is that of restoration, in which the attitude is instead to perform building exactly as it was in the past, in specific and selected cases. It is still an open issue for me to cope with an attitude in China, and possibly in whole Asia, that accepts a more nuanced combination of remaking and intervening in traditional settlements, one in which the idea of collective memory is potentially unrelated to material culture. It is probably one of the many cases in which looking at European cultural basis from China forces us to reconsider the implicit fundamentals by which our education was shaped (Julien 2005).

　　The problem that I discuss with my students at this point is whether the intent of discontinuity in space that they evidenced through maps, models and approach to forms in the urban and village context has to be evidenced also through a discontinuity in time. The village offers some historic buildings to be kept and restored. The village offers lot of place in which buildings have to be re—imagined. How are these buildings to be? The initial exercise on the rules of morphological pattern generation seldom ends up with creative examples of building types that can accept a modern language respectful of the context. More frequently there is a gap between the general layout and the final work on architecture appearances. It is like a world in which space is not built based on precise drawings and measures, but ultimately on fascination. This is related, possibly, to the role of urban designers in the process of urban transformation in China. It is only at a very late stage that the physical detail of spaces gets real, but there is a long sequence of phases in which the designer has to convince commercial or political parties about the final results, and their belief in those "constructive dreams" will finally affect the means of physical construction of space. Drawings have to be persuasive to some extent, while most of the academic work done in Europe in similar conditions would search provocative solutions.

## From education based on real cases back to professional practice

　　The article describes the challenging aspects of urban design courses in historic contexts delivered at the South China University of Technology. Through design work on "urban villages" in Guangzhou we are exploring how the city of the future can be a place where spatial differences express one aspect of urban complexity. The studio is also an opportunity for an international dialogue on "humble" approach to project design, intended as the means for long term processes of urban transformation. Urban designers are by nature interested in continuous transformation. Our education is based on the idea that building the city we are contributing to build citizenship, whatever the cultural context in which we operate. The questions that we have to keep in mind when urban design become an academic curriculum are very powerful: who does transform the city? How are judgements on change and modification legitimized? How can technical objectives ground ideas for city's future? To what extent academic simulation can affect real processes? The work done at universities has some merit if in Guangzhou "urban villages" are no longer seen only as problems but also as unconventional urban resources. A topic that had very scarce appeal in design profession is now at the core of many real projects, although all very different in the approach as well as in the outcomes.

"Urban villages" are now a field for experimentation as well as for education. The mapping of their hidden values is in most cases slower than their transformation. The message villages continue to reproduce concerns the adaptive power of spatial layering through times. The way academic simulations crawled into professional work, public consultancy and finally attention in the general society is one of the many ways in which urban scholarship education scope is more than technicians production. The knowledge we can develop through academic simulation is a means to shape urban culture.

## 注释：

[1] The content of this paper is based on the urban design studio coordinated by Feng Jiang, Francesca Frassoldati, Lin Zhe and Lin Jia at South China University of Technology. Many ideas have been collectively discussed during the cultural and disciplinary exchange with Politecnico di Torino (Italy). The author is grateful to: Alessandro Armando, Michele Bonino, Giovanni Durbiano.

[2] UN (2013). World Economic and Social Survey 2013. Sustainable Development Challenges.

[3] In the final weeks of both studios, in June 2013 and June 2014, we organized a general reviews with guests from Politecnico di Torino and the Chinese University of Hong Kong. The different approach to contextualization in European and Chinese culture was made evident in both occasions.

## 参考文献：

[1] Faure, D. and Siu, H.F. 1999. *Down to Earth. The territorial Bond in South China* [M]. Stanford University Press.

[2] Florida, R., Mellander, C., & Stolarick, K. 2011. Beautiful places: the role of perceived aesthetic beauty in community satisfaction [J]. *Regional Studies*, 45: 33—48.

[3] Gregotti.Modificazione [M]. *Casabella*,1984, 498—99: 2—7.

[4] He, S., Liu, Y.T., Wu, F.L., & Webster, C. 2010. Social Groups and Housing Differentiation in China's Urban Villages: An Institutional Interpretation [J]. *Housing Studies*, 25, 5: 671—691.

[5] Healey. *Urban complexity and spatial strategies: towards a relational planning for our times*, 2007.

[6] Jackson. *A sense of place, a sense of time*, 1994.

[7] Jiang, F. Guangzhou Bianxing Ji [J]. *Journal of Urban and Regional Planning*, Shangwu Yin Shu Guan, 1: 107—128. [Transformation of Guangzhou: from a provincial capital in the late Qing dynasty to the first modern city in the republic of China. In Chinese].

[8] Julien, F. *Conférénce sur l'efficacité*. Presses Universitaires de France, 2005.

[9] McFarlane. The comparative city: knowledge, learning, urbanism [J]. *International Journal of Urban and Regional Research*, 2010, 34(4): 725—742.

[10] Olmo. *Architecture and the 20$^{th}$ Century. Rights—Conflicts—Values*. Barcelona: List, 2013.

[11] Osborne, P. On comparability: Kant and the possibility of comparative studies [J]. *Boundaries*, 2005, 2, 32(2): 3—22.

[12] Sivak, M. Has motorization in the US peaked? *Research Report, University of Michigan Transportation Research Institute*, 2013.

[13] Vattimo.Living before building./Abitare viene prima di costruire[M]. *Casabella*, 1982, 485: 48—49.

作者: 方馥兰 (Francesca Frassoldati),
South China University of Technology,
Associate Professor

专栏

华南理工大学建筑史教学研究与改革

*Teaching Research and Reform of Architectural History in SCUT*

专栏主持　冯江

# 城乡规划专业历史保护类课程体系建设

刘晖

## Historic Conservation Courses System on Urban and Rural Planning Specialty

■摘要：本文分析了历史文化遗产保护在规划教学中的地位，提出了城乡规划专业文化遗产保护的本科课程体系，总结了城乡规划专业与建筑学专业混编进行毕业设计的教学实践。通过全过程文化遗产保护意识和知识的渗入，鼓励学生思考城市发展与历史文化保护的深层次问题，树立正确的价值观。

■关键词：遗产保护　历史环境　城乡规划　课程体系

Abstract：This paper analyzes the importance of heritage conservation in urban and rural planning specialty, presents the undergraduate course system of cultural heritage conservation in urban and rural planning specialty, and summarizes the mix teaching practice of urban and rural planning specialty with architectural specialty in the graduate design. Through the infiltration of cultural heritage conservation consciousness and knowledge, we encourage students to think deep problems of urban development and the protection of historical culture, establish the correct values.

Key words：Heritage Conservation；Historic Environment；Urban And Rural Planning；Course System

## 1.历史保护在城乡规划教育中的重要性

随着城乡规划学科的转型和"新型城镇化"的提出，规划从早年注重新区开发到更多地关注旧区更新，从开发建设导向到尊重历史文化和生态保护的"底线思维"，历史文化遗产保护在城乡规划中的重要性日益凸显。各种类型的城乡规划中都会涉及文化遗产保护方面的问题，因此在城乡规划专业教育中，不能仅将历史文化保护作为专门知识在一两门课程进行讲述，而是将历史文化遗产保护意识贯穿规划专业本科教学始终，有必要建立完善的遗产保护遗产教学体系。

## 2.整合历史保护的相关课程

历史文化遗产保护的内容庞杂，既有理论和知识讲授，又有规划设计技巧和法规管理实务。在培养方案确定的规划专业总学时约束下，大量增设新课程来实现历史保护方面教学目的并不现实，因此需要整合分布在多门课程内的相关内容，将历史文化遗产保护的内容渗入到各相关课程，从而构建一套完整的课程体系。我们尝试和设想：

（1）低年级建立概念：主要是帮助学生建立起文化遗产保护的基本概念。通过在《规划概论》课程开设一个讲座环节，介绍历史文化遗产保护在城市规划中的地位作用；在城乡规划、建筑学和风景园林各专业共同的《建筑史纲》课上也安排一节课讲城市史概论，为后续的城市发展史课程做个铺垫。

（2）高年级理论提升：城乡规划专业3年级的《城市发展史》（48学时）是城市规划专业的核心课程之一，该课程使学生了解国内外城市发展的一般史实，掌握城市发展的基本规律，熟悉古代、近代以及现代城市历史上的著名案例，对城市的本质有更深刻的认识；《城市规划原理》有专章讲述历史遗产保护与城市更新；而主要针对历史建筑保护专门化方向的《历史文化遗产保护概论》课作为城乡规划专业的选修，供有兴趣的同学加强这方面的深入学习。

（3）规划设计与实践结合：作为城乡规划专业设计主干课的《城市规划设计（2）》，每年都保证有针对历史环境的选题，其中城市设计环节保证了一半以上的选址是真实的历史街区、历史名镇等，让学生学会如何在历史地段从事"镶牙"式的小规模渐进式更新，掌握对历史地段现存建筑进行评价分类和历史环境要素的确认。在实践环节上，作为城乡规划专业4年级主要实践环节的《城市规划专题调研》也有结合城市设计针对历史地段建成空间环境质量评估等方面的调研。4年级规划设计课与专题调研的同步进行，由同一组教师进行辅导，为学生同步提升设计能力和调研及写作能力提供可能。

## 3.历史保护理论课的探索

《历史文化遗产保护概论课》是2012年教学计划修订时，在原来面向建筑学专业（尤其是历史建筑保护专门化方向）的《历史建筑保护概论》基础上充实调整而成。课程在保证历史建筑专门化方向学生学到历史建筑修缮原则和技术的同时，进一步向规划和景观专业开放。对城乡规划专业本科生来说，3年级学完城市发展史之后，4年级选修保护理论。

（1）课程的目的与教学基本要求：当前历史文化遗产的内涵不断拓展，保护内容也越来越丰富，保护规划也已是城市规划的重要类型，有着广阔的前景。该课程的目的在于培养学生对于历史文化遗产保护理念的认识，初步掌握各类型保护规划的性质、内容、编制方法。学会实地考察和评价、分析、研究的基本方法。

（2）在课程特色方面：

第一，追踪遗产保护的国际化视野和体系建构，从历史文化遗产的国际宪章和准则，到国内外保护体系的比较概述，帮助学生确立宽广的视野；

第二，保护理论与实践案例相结合，通过一系列案例——包括教师亲身参与的保护实践和事件——来讲述保护理论如何在具体语境中的适用；

第三，突出南方（岭南）地域文化特色，针对城乡规划专业学生毕业就业的主要地区是珠江三角洲的现实，课程选择的案例多为岭南地区，特别是珠江三角洲的各个历史文化名城、名镇、名村，让学生充分了解经济发达地区历史文化保护与城市发展转型所面临的复杂局面和各种矛盾。

（3）在理论教学部分，全面介绍历史文化遗产保护涉及的各个方面。教学内容、要求与学时分配详见表1。

历史文化遗产保护概论课教学内容　　　　　　　　　　　　　　　　表1

| 章节 | 学时 | 教学内容 |
| --- | --- | --- |
| 历史文化遗产概念的发展过程 | 2 | 文化遗产概念、保护观念的发生和发展；保护原则和相关国际公约 |
| 城市、建筑和园林遗产保护的基本理论 | 4 | 历史城市、历史建筑和历史园林保护的基本理论；保护思想的发展演变；中国文物古迹保护准则解读等 |
| 历史文化名城的保护 | 4 | 我国名城保护制度；历史文化名城的类型；城市历史文化价值的确定；名城保护面临的问题；保护规划的内容；历史城区的保护；案例研讨 |
| 历史文化名镇的保护 | 2 | 历史文化名镇的评定标准；名镇保护规划的内容；名镇保护管理措施；案例研讨 |
| 历史文化名村的保护 | 2 | 历史文化名村的评定标准；名村保护规划的内容；名村保护管理措施；案例研讨 |
| 历史文化街区的保护 | 4 | 历史文化街区的评定标准；街区核心保护范围和建设控制地带划定；基于保护的历史文化街区规划策略；历史文化街区保护性详细规划的要点和案例 |
| 历史建筑的保护和再利用 | 2 | 历史建筑的认定标准、保护措施、再利用方式；案例分析 |
| 历史文化遗产保护与旧城更新 | 2 | 保护与更新的原则；中外城市更新的经验教训；"绅士化"的利弊；开发权转移等规划技术 |
| 历史文化遗产保护与旅游 | 2 | 遗产旅游的意义、注意事项；开发旅游的"双刃剑"效应；案例分析 |
| 非物质文化遗产的保护 | 2 | 非物质文化遗产的定义；文化空间的保护；物质与非物质遗产的整体保护 |
| 保护规划的实施与管理 | 2 | 我国的保护规划体系；保护规划编制规范；审批、修改和实施的程序 |

（4）实践教学——"城市徒步"

为了培养学生对历史城区的整体认知、兴趣和体能，将理论联系实际，该课程通过"城市徒步"实地踏勘广州的历史城区。要求学生通过实地踏勘掌握历史文化街区、历史建筑的评定标准，能够将文献资料检索的历史信息与实地相印证，实地分析传统风貌和文物古迹视线控制、建筑控高等要求的合理性等。最重要的是建立实地体验，理解历史环境下的建筑和空间要素面临的各种问题的复杂性。

时间安排上，城市徒步分别为两个半天，每次3小时左右。两次徒步之间保持合理间隔：第一次是在讲完理论框架和历史文化名城保护的第一课，学生已有初步认识；第二次是在讲完街区和历史建筑修缮之后，结合案例现场讲解。

路线安排上，一次从东到西，一次从南到北，获得广州历史城区的纵、横两个"剖面"。东西路线是从东山到西关：经过庙前西街和保安前街的历史建筑、新河浦历史文化街区、白云路、白云楼、团一大旧址、中华全国总工会旧址、万福路、文德路、木排头、高第街、传统中轴线历史文化街区、象牙巷历史建筑、惠福西路、七株榕、观绿路、诗书路，最后到达2013年被抢拆的金陵台近代建筑遗址。南北线路是从龙导尾、龙骧大街历史文化街区、远东宣教会宝岗堂旧址、蟠龙西街历史建筑、中西医院旧址、海珠桥、起义路传统中轴线、盐运西历史建筑群、中央公园、市府合署、中山

纪念堂、中山纪念碑，最后到越秀山。体验云山珠水的历史城区山水格局。

城市徒步故意不走大街，而是穿行于历史街区的传统街巷，通过沿途多次短暂停留和讲解，串起小巷内深藏的历史建筑，重点是整体把握，把历史和现实串起来，建立对于历史城区的整体空间认识。城市徒步提高了学习兴趣，也锻炼了体力。同学们反映，不知道原来还有这样一个不为人知的广州。

**4.跨专业联合毕业设计**

毕业设计是对本科教学的总检验，基于形态设计能力基础的城乡规划专业，在毕业设计选题上秉持多元化的方向。近年来，每年都有规划专业与建筑学专业组成跨专业的小组，选择历史保护方面的课题进行联合毕业设计。因为遗产保护同时涉及规划和建筑两个专业，规划专业同学在做保护规划时要理解建筑价值，建筑学同学在做好历史环境下的历史建筑修缮和新建筑设计时都要有规划意识，要理解保护规划要求的制定过程和依据。

实践证明，建筑和规划两专业的混合编组可以有效促进互相之间的理解。以2014届的联合毕业设计《广州市首批历史建筑保护规划及修缮设计》为例，建筑学和规划专业同学混合编组对历史建筑开展入户调研，将历史建筑分为以下8个类别，有侧重地开展入户调研，同时在每类里选取1～2个典例，进行详细的保护规划和修缮设计（图1）。

**图1　历史建筑分类调研**

（1）成片集中的独栋住宅区：包括启明、农林上路、竹丝岗、梅花村、东皋大道、龙骧大街等地；选择农林上路6号、东皋二横路3～5号作为典例。

（2）集中成片联排住宅：包括溪峡街、溪峡新街、耀华大街、宝源路宝源中约、多宝－昌华大街、冼基、象牙街－民兴里、通宁道、侨星新街安义新街等地；选取耀华大街作为典例。

（3）集中成片的近代单元式住宅：包括观绿路、盐运西、文德西、木排头八和坊等地；选取观绿路7号和八和坊作为典例。

（4）散点分布的近代住宅：包括大小马站、海珠中、同福大街、存善、龙导尾等。

（5）商住混合的骑楼：包括十八甫路、沿江路等地；选取大新路276～278号、沿江西路55～57号作为典例。

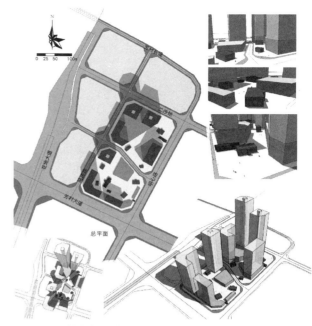

图2 基于保护的片区开发控制

（6）商住混合的非骑楼街屋：包括光复南路、杨巷路等地；选取添男茶楼作为典例，结合街道空间的保护利用导则进行设计。

（7）传统村落：主要是面临改造的旧村中的历史建筑，如肇昌堂、永安家塾等。

（8）成组分布的公共建筑或单位大院：一般是有关联且互相靠近的几处历史建筑，如明心书院旧址建筑群、远东宣教会宝岗堂建筑群、民国广东警备司令部旧址建筑群、文化公园建筑群、华南工学院建筑群、广东迎宾馆建筑群、流花片区广交会建筑群等；以明心书院为例，结合该片区更新，提出保护范围、规划控制条件和城市设计意向性方案（图2）。

在规划管控与建筑修缮衔接上，规划同学要知道建筑如何进行修缮和保护，才能合理划定保护范围；建筑学要理解保护规划要求的依据，才知道如何在历史环境下进行设计。因此两个专业学生需要共同研究确定历史建筑有价值的部位和材料特色。部位包括：基础、外墙面、内墙面、屋顶、山花、山头、阳台、檐口、门、窗、细部装饰、空间分隔、庭院、围墙等。材料构件包括：水磨青砖墙、清水红砖墙、上海批荡、意大利批荡、辘筒瓦、中式琉璃瓦、满洲窗、槛窗、趟栊等门口三件、封檐板等檐口三件、西式柱式或拱券、西式山花、西式栏杆、西式铁艺、新艺术装饰线条、斗、灰塑、木雕、砖雕、石雕、彩画、琉璃构件、工业构件等。

在答辩环节，由建筑历史、建筑设计和城市规划专业的教师组成答辩委员会，并邀请广州市历史文化名城保护委员会办公室的规划师参加，对联合毕业设计发表多视角的评价意见。

## 5.小结

历史文化遗产保护是城乡规划专业教育的重要组成部分，需要在城乡规划专业的课程体系里将历史文化遗产保护的意识和内容贯穿始终。

历史文化遗产保护的很多内容涉及建筑学专业（历史建筑保护专门化方向）内容，跨专业的联合设计有助于加强两专业之间的互动。

参考文献：

[1] 高等学校土建学科教学指导委员会城市规划专业指导委员会 编制．全国高等学校土建类专业本科教育培养目标和培养方案及主干课程教学基本要求——城市规划专业 [M]．北京：中国建筑工业出版社，2004．

[2] 刘晖，梁励韵．城市规划教学中的形态与指标 [J]．华中建筑，2010，（10）：182～184．

作者：刘晖，华南理工大学建筑学院城市规划系 讲师

# 基于文化环境的城市设计教学实践

林哲

## City Form Design Based on the Teaching Practice of Cultural Environment

■摘要：基于文化环境的城市设计是我院对四年级历史建筑保护专门化方向学生开设的专题设计课程，本文介绍了该课程在本科建筑设计教学的定位，根据设计课程的特点，近年参加此教学实践活动的教师组成员对其教学重点、特色、框架等方面进行了讨论和完善，加强了设计教学过程中对学生的调研实践、团队合作、文化传承等方面的培养，从而更有针对性地指导城市设计，使得教师与学生的沟通加强，教与学得以相互促进。

■关键词：建筑设计　城市形态　教学实践　文化　历史

Abstract：Courses design of historical building protection based on city cultural environment is provided for our college students.This paper introduces the positioning of the course in the undergraduate teaching of architectural design.According to the characteristics of the design course，faculty members discussed and improved its teaching emphasis，characteristics，frame etc. Design courses try to strengthen the practice to site，culture，team cooperation，and other aspects，which makes the city design more targeted and effective ，and the communication between teachers and students closer. Thus，teaching and learning to promote each other.

Key words：Urban Design；City Form；Teaching Practice；Culture；History

　　"基于文化环境的城市设计"的教学课程，是为我校建筑学院建筑系"历史建筑保护专门化方向"的本科四年级学生开设的专题设计课程。本文就近年对这门设计教学课程的探索作一些简要介绍。

## 一、华南理工大学建筑学院历史建筑保护专门化方向概况

　　历史建筑保护专门化方向是我学院建筑系教学改革的创新举措，随着我国对历史文化的日益重视，众多的历史文化名城名镇及街区、传统村落正面临保护及改善等诸多建设问

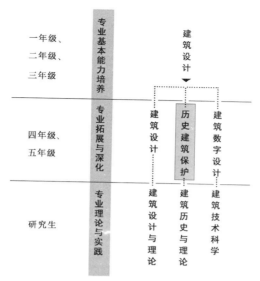

图1 "历史建筑保护专门化方向"在建筑学教学体系的位置

题，因此很有必要在本科建筑系的设计课程中加入有关"历史建筑保护"的内容，故而开设了此专门化方向的教学课程（图1）。

历史建筑保护专门化方向的教师组成基于建筑系原有建筑历史与理论的深厚基础，由建筑历史与理论本科教学团队学科带头人吴庆洲教授领衔，由程建军、陆琦、郑力鹏、朱亦民、肖旻、冯江、Francesca Frassoldati（方馥兰）、周毅刚、潘莹、苏畅、郭祥、李哲扬、刘虹、张智敏、徐好好、禤文昊、林佳和笔者等教师指导历史建筑保护专门化方向的学生，并以华南理工大学建筑历史文化研究中心、亚热带建筑科学国家重点实验室、中意城市与建筑研究中心 & ILAUD China 等为教学支持。

"历史建筑保护专门化方向"的学生来源：本校建筑系学生在完成本科三年级学业后，根据自愿报名、择优录取原则，每年挑选 16～20 名学生进入"历史建筑保护专门化方向"学习，因此学生普遍具有比较好的基础。在专门化阶段特别开设了与建筑历史和历史保护相关的课程，注重培养学生的特长。"历史建筑保护专门化方向"自 2008 级年始办以来，教学取得了不错的成果，学生素质培养获得了学院及相关建筑院校的好评，近年随国际化的影响，教学中增加了与国外院校的教学合作内容，对教与学有了更高的要求。

## 二、"基于文化环境的城市设计"的课程设置

"基于文化环境的城市设计"是为我校建筑学历史建筑保护专门化方向本科四年级下学期设置的城市设计教学专题，为期 12 周。进行该专题培训的学生约 20 名左右，目前由冯江、Francesca Frassoldati（方馥兰）、林哲、文昊、林佳等老师负责教学（图2）。

### 1．教学重点

1）对小型团队合作的能力培养：通过团队组合，各有分工及侧重，在整个教学过程中协调磨合，锻炼小型团队合作的工作能力。

2）对城市尺度把握的能力培养：着重培养对于城市、街区、建筑群等不同尺度空间的把握能力，以及对于较大范围空间形态设计遵循的思维方法、工作模式，对历史人文因素等复杂因素的综合分析能力。

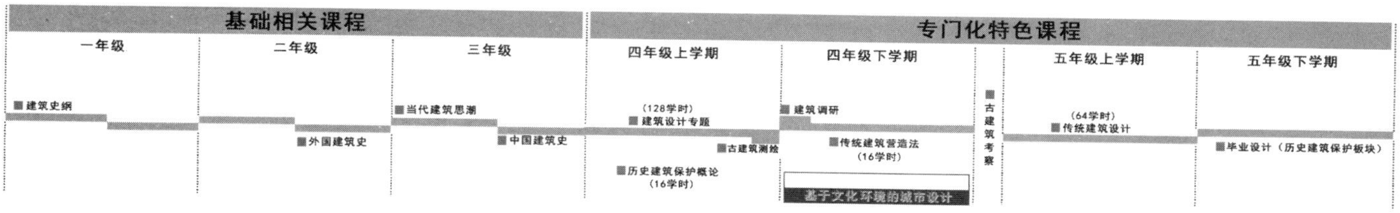

图2 "基于文化环境的城市设计"在"历史建筑保护专门化方向"的位置

3）对设计综合表达的能力培养：建立良好的过程工作习惯；重点培养整体把握、抓住关键矛盾的分析能力；以调查研究、分析提炼、概念设计、深化设计为基本流程，培养基于整体工作框架开展研究性设计的能力。

**2. 教学特色**

1）历史与城市：着重培养以历史发展的视角考量城市形态的思维，重视历史文化名城中的历史街区保护。了解传统城市历史地段的文化特点；树立正确的城市设计和有机更新观念；掌握在历史环境中进行城市设计的基本原理、方法特点；掌握城市设计的有关规范、技术标准，初步掌握较为翔实的调研方法。

2）空间与城市：建立由城市、街区、建筑等不同层面分析肌理、地形及规划结构等的形态分析方法，基于现场调研、历史研究和有机更新的诉求思考城市形态空间的设计。尊重历史地段的社会、人文、形态和风貌特点，结合水体，寻找合理的城市设计解决方案；以南方传统城市历史街区调研为基础，了解历史街区中的历史建筑与历史人物之间的紧密联系，对老城区中的"保"、"留"、"改"、"拆"的判别尺度与相应法规进行了解，设计与规划需适应传统城市肌理，新旧地域风貌融合。

3）文脉与城市：突出对文物保护建筑、非物质文化遗产及文脉习俗的保护，对地域文化特色综合考虑，融入城市形态设计。面对全球化的浪潮对中国传统生活方式的冲击，原有城市、建筑、生活及精神不可避免地存在去留问题，如何激活老旧破败的旧城区，设计不同的生活模式，形成对城市形态空间及市政设施的要求与适应，考虑可行性、可持续及低碳低能耗等技术措施。

**3. 教学框架**

教学框架的设置首先强调教学目的突出、明确，对文化环境城市形态的街区空间、文物价值、文脉传承及地域特色给予重视，指导学生从文化历史角度配合多种学科综合考虑，发扬集体合作精神以进行自主而富有弹性的设计。教学中做好时间安排，为实现明确的教学目的与逐步提高学生设计能力，分为调研、构思及表达三个循序渐进的阶段。在调研阶段中，强调实地资料的采集；在构思阶段中，注重城市设计理论的运用；在表达阶段中，训练学生多种输出方式的综合，使整个教学过程层次分明，切实可行（图3）。

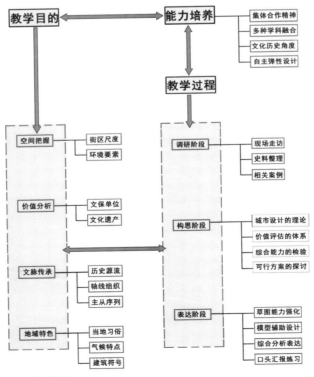

图3 教学框架

### 三、"基于文化环境的城市设计"的教学过程

从 2008 年至今的 7 个教学年里，教师组成员对这个专题的思考一直在不断更新和完善。设计范围定在广州历史文化名城内以利师生调研；选址与选题有所变化，使得每次设计方案侧重不同，以激发学生的思考辨析，提高其解决问题能力，达到教与学互相促进。按时间先后，设计题目为"广州解放中路城市社会住宅规划设计"、"广州市恩宁路城市社会住宅规划设计"、"广州市荔湾区昌华苑旧城街区更新设计"、"广州市起义路历史地段城市设计"、"广州荔枝泮塘五约及周边地段城市设计"，等等（图4）。

下面以"广州荔枝泮塘五约及周边地段城市设计"为例介绍其教学过程。

#### 1．场地调研阶段（时间为期 2 周）

教师工作内容：1）专题讲座：开题分析、调研方法、相关案例。

2）现场指导：老师和同学一起实地考察、讲解及体验当地生活、接触地域艺术文化。

学生完成任务：1）本次调研与挪威卑尔根建筑学院师生合作，分为 4 组，共同完成。

2）根据讨论定稿的调研提纲逐项专题进行调研，包括空间形态、生活方式、居住模式等，并完成报告工作（图5）。

#### 2．概念设计阶段（时间为期 3 周）

教师工作内容：1）专题讲座：地域、时代、文化与城市设计的关联。

2）指导学生研究该街区的历史和形态演变过程；

进行调研数据及形态分析，对肌理、风貌特征等方面进行归纳；

研究规划布局，如规划结构、功能设置、公共空间的关系等。

学生完成任务：1）分组对基地内文物保护建筑、历史风貌建筑进行分类；

探索环境设计如何结合与深化规划设计的理念；

研究基地内的传统街道环境。

2）对传统公共空间处理技术及方法进行初步了解，应用于本方案设计，形成设计概念并绘制构思草图（图6）。

#### 3．深化设计阶段：（时间为期 2 周）

教师工作内容：1）专题讲座：广州荔湾区传统街区有机更新设想与实施。

2）指导学生确定成果内容与表达方式、表达逻辑；

注意成果的系统性、完整性和深度；

深入完善总平面布局、节点设计及主要单体的意象设计指导。

学生完成任务：1）根据深化设计要求，对规划结构、交通结构、公共空间等进行优化。

2）编制导则，绘制图例，制作本阶段汇报演示文件；

双语分工表述，与挪威卑尔根大学建筑学学生共同汇报（图7）。

#### 4．成果制作阶段：（时间为期 4 周）

教师工作内容：1）成果指导：回顾本设计进行流程，对基于文化环境中的城市设计方法进行小结。

2）辅导重点：对正图绘制及模型制作的时间安排进行计划。

学生完成任务：1）整合各阶段成果，分工完成图纸表达，按任务书图纸要求排版。

2）制作正式建筑模型，对重要节点景观部分做必要表达（图8）。

#### 5．汇报评图阶段：（时间为期 1 周）

教学成果：调研报告 4 份，正图及模型各 8 份。

公开评图：本次设计邀请香港大学建筑学院、中意城市与建筑研究中心的教授，共同评图，交流教学经验（图9）。

### 四、"基于文化环境的城市形态设计"的方案点评

方案点评仍以"广州荔湾泮塘五约及周边地段城市设计"为例。

基地概况：荔湾泮塘位于古代广州城西，泮塘五约及周边地段是广州历史城区中几乎仅见的保留有完整清代格局、肌理和典型朴素风貌特征的上岸 家聚落，目前保留有仁威庙等历史建筑。广州城市的快速发展要求该地块承担更多城市景观、休闲娱乐等功能，新的机

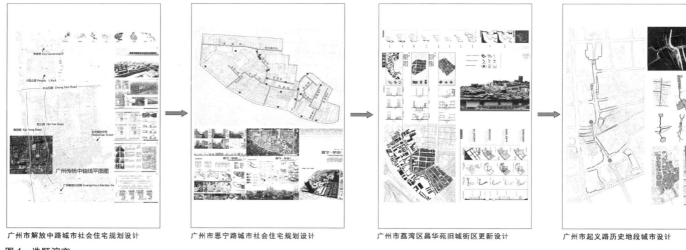

广州市解放中路城市社会住宅规划设计　　　广州市恩宁路城市社会住宅规划设计　　　广州市荔湾区昌华苑旧城街区更新设计　　　广州市起义路历史地段城市设计

图 4　选题演变

图 5　场地调研阶段记录图片

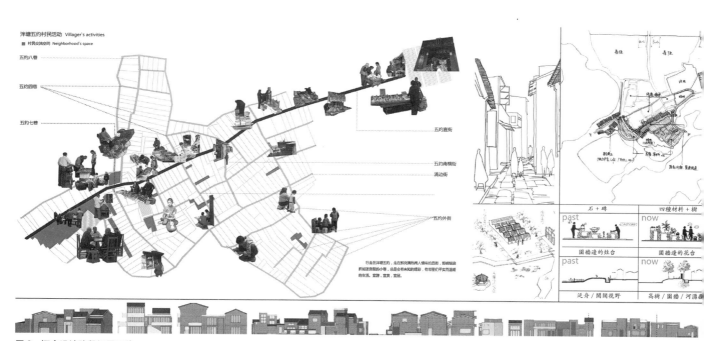

图 6　概念设计阶段记录图片

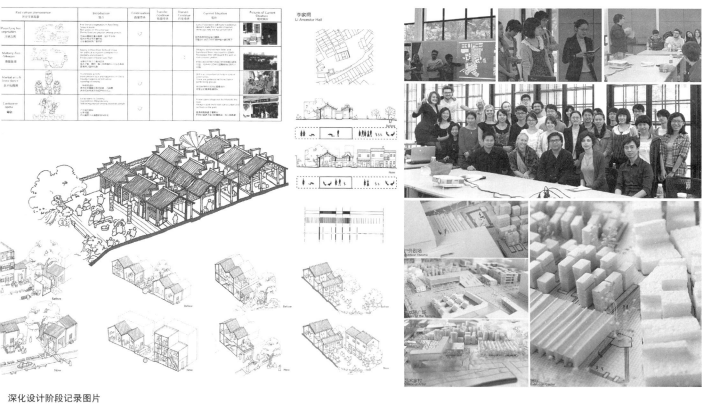

深化设计阶段记录图片

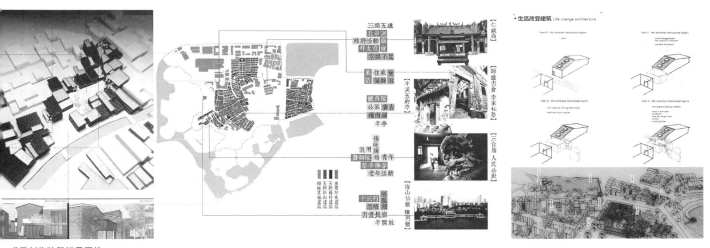

成果制作阶段记录图片

汇报评图阶段记录图片

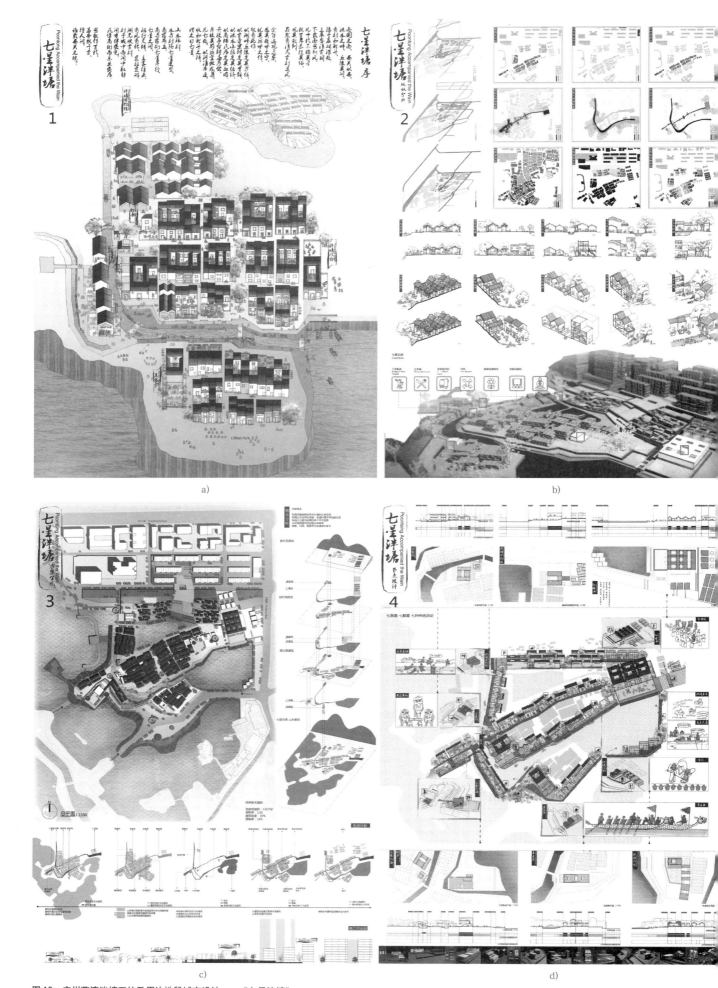

图10 广州荔湾泮塘五约及周边地段城市设计——《七星泮塘》

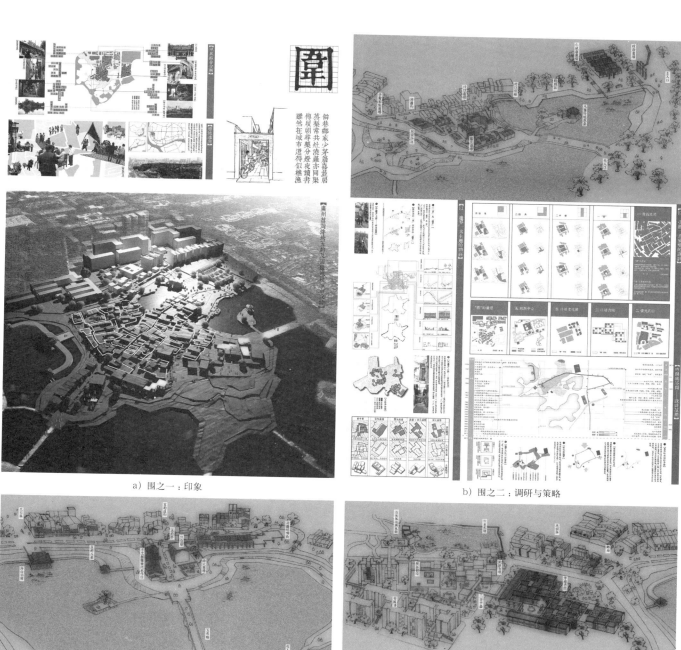

a) 围之一：印象

b) 围之二：调研与策略

c) 围之三：边界设计

d) 围之四：总体设计

图11 广州荔湾泮塘五约及周边地段城市设计——《围》

遇与传统风貌在此地合奏出城市设计的交响乐章。

使用性质：居住、商业混合使用为主，合理安排比例，恰当配置公共服务设施和市政服务设施。除文物保护单位和相关文物保护规划、历史建筑紫线确定保护的建筑与园林之外，其他部分可保留一部分质量较好的建筑加以改造。

经济指标：根据地形图范围、具体的城市设计范围（约 20hm²）和重点设计范围（1～2hm²）自行选定，地块容积率不高于现状容积率的 1.1 倍。建筑密度不低于 45%、不高于 60%。

学生作业 1（图 10）：

设计题目：广州荔湾泮塘五约及周边地段城市设计——《七星泮塘》

作者姓名：刘诗瑶、任洁、吴恩婷

完成日期：2012 年 3～6 月，共 12 周

指导教师：冯江、林哲

方案点评：设计根据实地调研，沿历史文脉追寻传统活动空间，以岭南广府地域特色为基调，提取了"舞龙舞狮"、"粤剧戏曲"、"赛龙舟"、"北帝诞"等 7 种传统活动，利用并更新了"仁威庙"、"李家祠"、"泮塘戏台"、"三官新庙"等 7 处公共空间以容纳传统活动，故而将方案取名为"七星泮塘"。方案以巷道、河道及公共空间衔接地段中的不同功能区，特别注重联系仁威庙、宗祠、传统商业街道等有历史文化价值的公共空间，使其成为枢纽；将游客、村民及居民等不同活动人群活动区别安排，形成时间与空间不同维度的平行生活世界的设计；建筑群层面的设计则根据原有建筑及街道肌理，提取广府建筑群的空间形态特点进行设计，从而保留了传统地域建筑的风貌。

学生作业 2（图 11）：

设计题目：广州荔湾泮塘五约及周边地段城市设计——《围》

作者姓名：吕颖仪、于晓彤、朱明夏

完成日期：2013 年 3～6 月，共 12 周

指导教师：林哲、冯江

方案点评：设计在分析泮塘五约传统民居后，发现建筑具有高密度、通风不畅、户门直接开向道路、居室私密性不高等问题；尝试利用多种"围"的办法，增加公共空间；采用合理通风措施，并提高私密性及改善卫生条件等，针对单元的不同情况进行改造；对安置房做出设计导则指引，对不同街区地段如五约外街、儿童乐园、五约八巷、涌边街等，也有不同的设计导则予以应对。鉴于原有公共空间多集中于村头村尾，设计中加入新的公共空间，如露天剧场、涌边骑楼、练武广场及安置房联系平台等，发现巷道在时间脉络上的演变规律而加以改善；通过对岸线的调整、河涌的恢复、浅水池示意原有水体形态、放大水面节点及重光 家水塘等手法，活化、突出"水"的元素，形成"理路、理水、理空间"的思路。

作者：林哲，华南理工大学建筑学院　先上岗副教授，工学博士，国家一级注册建筑师

# 三维扫描技术与传统测绘技术在古建测绘教学中的运用探讨

张智敏

## Discussion on the Application of Three Dimensional Scanning Technology and Traditional Surveying Technology in the Teaching of Ancient Architecture Survey

■摘要：三维扫描技术是近十年发展起来的逆向工程中数据采集的技术，运用到古建筑的测绘也有几年的时间，越来越多的古建筑的保护工程运用了这一技术。由于三维扫描的技术具有一定的优势和缺点，那么，如何在建筑学专业的古建筑测绘实习当中结合使用，使得学生在满足古建筑测绘实习基本要求的同时，又能掌握新的数字化技术基本原理和技能，是本文探讨的重点。

■关键词：三维扫描　古建测绘　点云　精度　误差

Abstract：Three dimensional scanning is the technology used for data collection in reverse engineering in the last ten years．It has also been applied to the mapping of ancient buildings for a few years．It is used by more and more ancient architecture protection projects． As the 3D scanning technology has its advantages and disadvantages，this paper discusses how it can be used in the historical buildings survey field work carried out by students studying architecture．The students are expected to meet the basic requirement for the historical buildings survey field work and learn the basic principle and skill of the new digital technology at the same time．

Key words：3D Scan；Historical Buildings Survey；Point Cloud；Accuracy；Error

　　古建筑测绘教学是建筑学专业一门重要的实践课程，通过本门课程的教学和实践，我们期望学生学习对古建筑进行调查研究的基本知识，掌握其基本方法和操作技能，培养深入实际的工作作风和认真严谨的工作态度，为将来所从事的研究和设计工作提供必要的基础条件。古建筑测绘教学在华南理工大学有着悠久的传统，自 20 世纪 50 年代中期开始，华南理工大学建筑系古建教学在龙庆忠先生主持带领下，开展对岭南地区古建筑的测绘教学实习。早期对广州海幢寺、潮州文庙大成殿、顺德清晖园等重要古建筑及园林进行测绘，而后扩展到广东学宫寺观、广东民居、岭南地区的宗祠建筑、广东近现代建筑的测绘。到目前为止已经测绘了数百栋古建筑，积累了大量的古建筑资料（图1）。

由于现代建筑测绘技术的飞速发展，古建筑测绘也经历了从对古建筑的结构及构造特点的掌握向精确尺寸逆向工程测量及监测转变的过程。对于古建筑测绘的精度要求，基本可分为三类：一是全面测绘，是指针对古建筑大修使用的全面记录古建所有部分的测绘；二是建档测绘，是指选择主要和有代表性的构件和主要尺寸的测绘，供国省级文保单位建档使用；三是一般测绘，是指无需搭架的基本尺寸和代表性构件的测绘，主要用于文物普查及省市级一般文保单位建档使用。从测绘手段和要求可以基本推测其精度基本能分别达到毫米级、厘米级、分米级。三维扫描技术的测绘精度是毫米级，这就使得它在古建筑测绘教学当中的3个不同精度等级的要求都能够满足。但由于该技术设备较为贵重，操作技术相对专业和复杂，因此往往只在全面测绘类和建档测绘类的教学实习中运用。

## 一、三维扫描技术在古建测绘的运用简述

三维扫描技术经过将近十年的发展，已经越来越多地使用到古建筑保护领域。这里所论述的三维扫描技术是指定点三维激光扫描技术，主要是利用密集的空间点云（point cloud）来记录被扫描物体的空间信息，是现在古建筑保护领域最常使用的三维扫描技术。三维激光扫描的基本流程一般分为外业数据采集阶段和内业数据整理阶段。由于本身的技术特点，这种技术可以实现快速、全面、精确、无损的建筑空间信息的数字化扫描，将建筑空间信息以数字化的方式存储，一个复杂或简单的建筑物在某一个空间坐标里通过海量个三维坐标点云记录下来。这种技术的操作及优势已经在很多的介绍或论文里面出现了，但在使用当中，发现它也存在劣势，也存在与现有保护技术和手段的不融合，需要通过大量的人工工作将三维点数据转化成二维的线、面数据。但由于古建筑形态的特殊性，造成至今为止并没有出现较智能的三维转二维的转化软件，这使得三维扫描技术的运用减少了外业的工作量和时间，降低了测绘由于人为因素造成的误差，却相对加大了内业的数据处理时间和工作量。但这并不意味着传统古建测绘技术需要被淘汰，特别是古建测绘课程是对建筑学（尤其是历史建筑专门化方向）学生的一次非常重要的亲身认识、理解古建筑的经历，同时又是掌握古建筑的测绘技巧的机会。因此，我们的教学需要面向技术发展，将新的数字化技术与传统的古建筑测绘方式结合，互相取长补短。

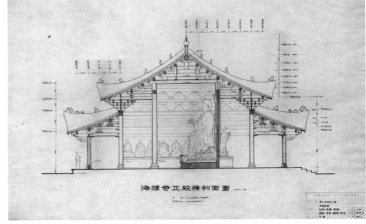

图1　广州海幢寺测绘图（1955年）

## 二、传统古建筑测绘教学的改进和不足

传统古建测绘实习教学中，在分组中往往会出现少则6～8人，多则10余人的测绘队伍，同时还得照顾建筑历史专业的同学。在测绘现场明确地按组分工，比如在余荫山房的测绘当中就有三组同学及专门的扫描组；李忠简祠头门有一组同学及专门的扫描组。每组2～3人，按照平、立、剖各自负责部分详图和分解图来进行大致分工；测绘过程主要是经历：草图绘制，现场测量，整理数据和图纸，现场补测，绘制图纸。

由于本科教学的测绘实习时间比较集中，往往是集中在1～2周内完成，人数众多，基本是60～90人。个人配备的测绘工具往往只能是卷尺，实验室配备的工具是每2～3人的小组配备1台手持式激光测距仪和超长卷尺。有实际修缮保护工作和较高精度要求的测绘实习对象可能配备全站仪或者三维激光扫描系统。

当然这些都是基于古建测绘实习的基本要求，希望学生达到对古建筑的基本认识，学会古建筑基本的平、立、剖详图的绘制。而对于招收的建筑历史专门化方向的学生还要求较深入地了解古建筑的材料运用和营建知识，了解古建筑的尺度基本规律和设计手法。

## 1. 平面测绘的精度和误差

由于测绘建筑群和建筑单体时，建筑物的方位与朝向，建筑物之间的相对位置关系，建筑单体本身的墙柱及控制线的相对位置关系，都是决定建筑物平面测量的关键。由于不少测绘地点均具有带城市地理坐标的较高精度地形图，可以作为参考建筑物基本的位置坐标，但这种地形图不对建筑做详细的测量，因此会有错漏和误差。而古建筑或者具有一定历史的建筑物，在修造的历史上会出现多次的加建、改建甚至是重建，所以会出现平面关系中的控制线不对位、纵横向不垂直、没有模数、尺寸随意、不对称非完形等问题，这些问题在古代园林设计当中或多或少都会出现。而借助于传统的相对两点距离测量是很难完成对这些偏差数据的取得的，特别是角度偏差。在建筑历史教学当中所形成的正交直角对位对称完形的概念深刻影响到学生在测绘的草图绘制阶段就出现的对建筑的基本认识，而忽略了由于地形、尺度、时间和现场条件的限制或设计者主观对这些古建"基本准则"的某些不遵守，而造成的迫不得已而为之。

## 2. 立、剖面测绘的精度和误差

立、剖面的测绘是对建筑物垂直截面的正射投影测量与绘图，但与平面测绘不同，它缺乏一个可供测量的截面作为参考（平面测绘的截面正好可以借助地平面作为参考面），造成数据不易测量，绘图要部分依靠空间想象和推测。如果碰到较复杂的屋顶部分的结构关系，如歇山、攒尖、卷棚，还得另加仰视平面说明。高度数据，如正脊高度、垂脊高度、梁尺寸、檩条尺寸等，需要借助全站仪，部分数据可以借助激光测距仪或者高空作业来完成，不然就得使用间接的方法来获取。古建筑测绘实习中，学生最兴奋也是最危险的工作就是爬梁架、上屋顶，以一种新的视角去认识和触摸古建筑，这样可以近距离看清楚平常无法达到的屋面材料和梁架部分；但是活动面少，高空的危险性使得爬梁架和上屋顶后理解的成分大于测量的成分。

## 3. 细部测绘的精度和误差

细部测量及详图绘制是需要细心和耐心的，在掌握构件和细部的控制尺寸的情况下，细节反映的准确性和细致程度则是细部测绘的关键。但是部分建筑部位的细节在现场外业工作时会有测量遗漏或者是两点测量无法记录的，只能借助于影像记录，使用相机采用近似正投影加标准尺寸做参考长度的方式记录。这些在古建的测绘中也经常出现，如柱础、门窗装饰、封檐板、梁架装饰、脊饰等构件的尺寸。而有些精美的木雕、砖雕、灰塑、陶塑、彩画等，已经成为单独的古建筑装饰构件，它们的测绘也从原来的仔细描绘转变为现在的控制加简单描绘，这些具体操作方法因人

而异。部分学生手绘或者绘图能力较强，则可以鼓励选择最精彩的部分进行详细描绘；而其他学生则要求对外轮廓及主体结构进行描绘，并结合照片进行绘制即可。

## 三、三维扫描与传统古建筑测绘的结合

测绘技术的提高，使得测量数据收集经历了一次从量变到质变的变化过程，从原有的皮尺或激光测距仪所形成的单点对单点无坐标测量，到全站仪的单点对多点统一坐标的测量，到三维激光扫描系统的单点对海量点统一坐标的测量的飞跃，大大简化了外业操作的复杂程度和不准确性，而内业变成了相对简单的转换、描图、制图过程。对于古建测绘实习的学生来说，完全依赖三维扫描系统会失去对古建筑近距离的直观观察、测量和理解的过程；并且三维扫描技术一些先天的缺点也需要人去帮助矫正或补足，而这些缺点恰恰是需要对古建筑的基本认识和理解的基础上去完成的。所以在余荫山房的古建测绘实习当中，在原定三组人工测绘基础上，新增一组专业扫描小组，两个组同时对余荫山房进行测绘扫描。

## 1. 大范围与遮挡

快速和无差别的扫描，基本记录了以三维扫描设站基点的可视范围内的所有空间信息（华南理工大学现使用的徕卡三维扫描系统为水平角360°×垂直角270°，也就是会有"灯下黑"，设站基点脚下的近距离一圈无法记录，这里往往是地坪或者是设站的脚架和控制台面）。但要注意的是基点的可视范围，如果被遮挡就会出现盲区，如果盲区无法通过另外站点来弥补，就会是三维扫描无法完成的区域。当然古建筑的盲区不是完全无法可视的，但是选择可视的站点有可能需要较长的时间或者较大的工作成本，如单独设置支架平台或者需要移出遮挡物等方法，这样就有点得不偿失或者失去了无损测绘的初衷了。当然如果是非常重要的部分，那就另当别论，这也需要扫描或者测绘人员基于古建筑的基本判断。

对于岭南传统古建筑，梁架部分是相对比较复杂的地方，对梁架尺寸的量取和图纸绘制是需要学生去达到的。这部分是测绘实习的难点，主要有以下几个方面：一是梁架结构构造及搭接关系复杂，构件直线少、装饰多，较难理解；二是梁架垂直高度较高，不易直接触摸及观察，数据尺寸较难量取；三是梁架如何结合上部屋顶部分及下部柱墙部分，将可视及不可视部分空间关系进行理解并绘制表达出来。三维扫描技术确实可以基本解决难点，并且可以较直观地形成一个屋内梁架及外屋面的组合在一起的具有准确尺寸的三维模型，但是建筑的部分构件因为遮挡也无法扫描，如梁架搭接榫卯、瓦面内部、梁架重叠部分或上表面等。这些部

分如果结合传统测绘方式，是可以获取的。传统测绘的理解结合三维扫描的点模型建立面和体块模型，在通用建模软件中形成古建筑构件分解组合爆炸图，使得建筑历史专业的学生理解掌握古建筑的材料及其搭接营建方式，是一个非常有效的途径（图2～图6）。

**2. 高精度与测绘精度、建筑模数**

三维激光扫描的精度相当高，而用于建筑的扫描测绘基本是属于三维扫描仪中的中距（200m以内）和近距（50m以内），标称点云基本可以做到对目标物体的相对位置测量精度达到5mm，甚至更精确。本文在这里不去探究激光扫描的相对精度具体是怎样生成的，以及标称精度与实际精度及误差。由于对测量扫描对象的记录精度会比原有人工测量精度高（部分构件其实其测量精度未达到人工精细测量精度，后文详述），而古建筑在设计、营建、长时间使用后会造成空间数据的部分变化，变化主要体现在施工误差、构件本身的误差、长时间的使用及其他自然因素所造成的古建筑的形变；而不变的是古建筑在设计营建时，会出现的设计尺度规律和相似构件在同一栋建筑里面的大量出现。这种不变和变化都会被扫描仪器记录下来，而发现这种空间尺寸上的不变和变化是古建测绘中需要学生去辨别的，对于数据的整理和分析借助对扫描数据本身的分析是不易得到的，需要学生运用其在建筑历史课程当中学习到的知识，对数据进行整理和分析。

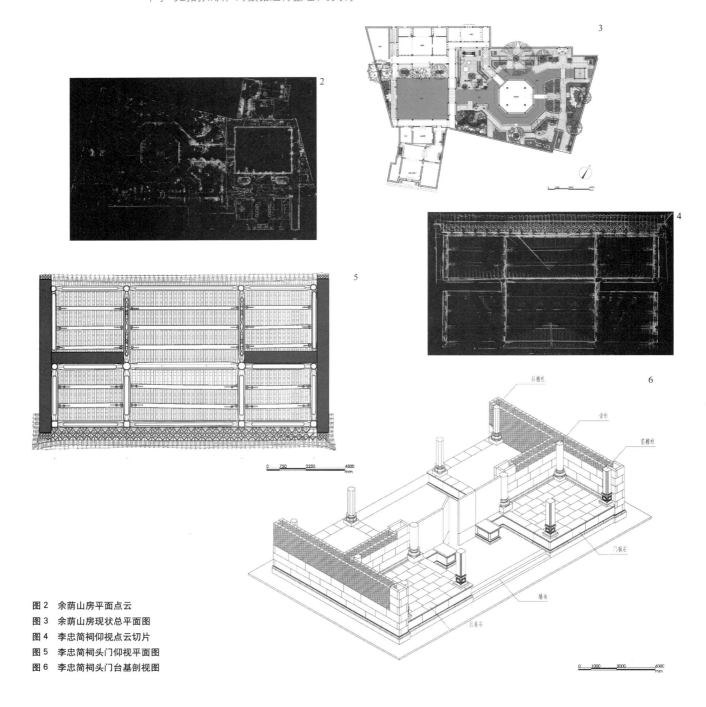

图2　余荫山房平面点云
图3　余荫山房现状总平面图
图4　李忠简祠仰视点云切片
图5　李忠简祠头门仰视平面图
图6　李忠简祠头门台基剖视图

例如，在余荫山房和李忠简祠的测绘当中对建筑的总宽及各开间尺寸的控制，需要运用对岭南地区屋顶构造、营建尺度规律的学习，忽略扫描仪得出的瓦垄及瓦坑具体尺寸数值的细小差别，注意其与柱网、山墙的空间关系。又例如多榀梁架存在的相似性和对位关系，需要注意梁架的构件尺寸异同和空间关系尺寸的异同，就可以得到构件实际尺寸的大小及不易量取的曲面和不规则面的尺度，以及梁架总体及个体是否存在形变和变化，从而使学生了解古建筑的尺度规律和保护中常出现的问题（图7～图12）。

图7　余荫山房总剖面点云

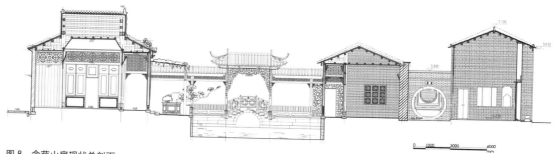

图8　余荫山房现状总剖面

图9　余荫山房深柳堂剖面点云切片

图11　李忠简祠剖面点云切片

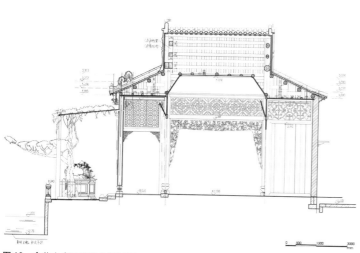

图10　余荫山房深柳堂心间剖面

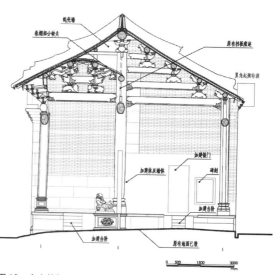

图12　李忠简祠头门心间剖面

### 3．小尺度与误差

在使用三维扫描系统的过程中，还有一个问题是无法回避的，就是点云的厚度及离散点的出现。受到目标物体的材质、表面光滑程度、激光入射与放射角度、激光扫描的点分辨率设置高低，甚至是扫描环境的温度、湿度等因素的影响，由于点云描述的建筑构件都不是一个单一剖切面，特别是在后期内业操作中，点云拼合及切片处理时，会发现建筑构件的切片点云都有一个厚度（一般在5mm上下），这种厚度往往是在相对正常的扫描情况下，对相对光滑的木面、砖面、石面的厚度，如果是相对粗糙或者有雕刻的木面、砖面、石面，点云厚度还会增加。这样，在正常扫描的理想情况下，一条梁两侧就会各出现至少5mm的误差，即总体10mm的误差。当然这种误差对于一般的总平、平、立、剖的测绘影响不大，但是对于构件及详图的绘制就会出现较大影响。如果再出现扫描状态不理想、表面情况较复杂等情况，误差就会更大。

这种情况下，需要测绘详图的构件，如门窗、木雕、砖雕等，就还得使用卡尺等人工测量方式进行修正。另外，纹样或者装饰部分的描绘是古建测绘详图绘制部分繁琐但十分有趣的工作，可以锻炼学生的耐心和绘图能力，同时又可以展现古建筑的传统技艺。但这部分现在逐渐已经被数字化的图片、扫描点模型替代，只能留给建筑历史专业有兴趣的同学来完成了（图13～图16）。

图13　余荫山房深柳堂细部点云

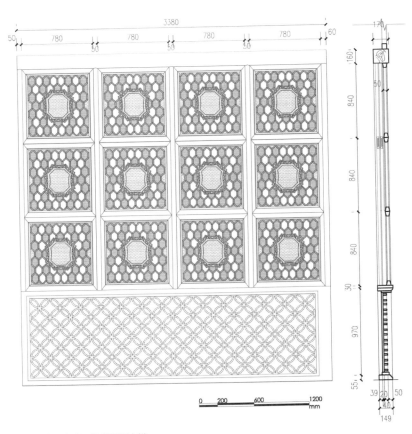

图14　余荫山房深柳堂细部大样

图15　李忠简祠细部点云切片

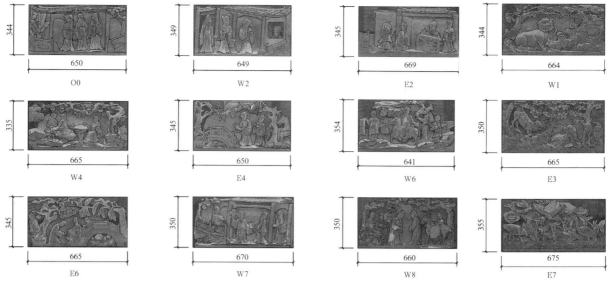

| | | | |
|---|---|---|---|
| 344 × 650 | 349 × 649 | 345 × 669 | 344 × 664 |
| O0 | W2 | E2 | W1 |
| 335 × 665 | 345 × 650 | 354 × 641 | 350 × 665 |
| W4 | E4 | W6 | E3 |
| 345 × 665 | 350 × 670 | 350 × 660 | 355 × 675 |
| E6 | W7 | W8 | E7 |

图16　李忠简祠头门驼峰大样

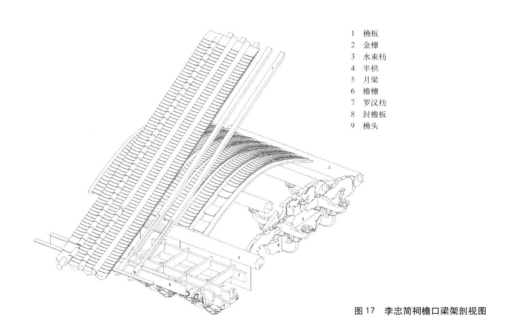

1　椽板
2　金檩
3　水束枋
4　半栱
5　月梁
6　檐檩
7　罗汉枋
8　封檐板
9　椽头

图17　李忠简祠檐口梁架剖视图

## 四、结语

　　传统测绘技术是锻炼建筑学学生手脑结合、理论与实践结合的重要课程，是学习建筑设计的学生必修的课程之一。这种锻炼不能因为数字化技术的发展而丢失，因为测绘实习教学主要是面向学生的专业能力的提高，新的测绘技术是次要的和辅助的手段。三维扫描技术等数字化技术可以提高教学工作的效率，使学生在理解和掌握古建筑知识时更有全局观和细节感，并且可以克服一些传统测绘中的缺陷，但是三维扫描技术也需要校正和补充。

　　本文正是希望探讨在中高精度测绘要求下的一条传统测绘与数字化扫描结合、人机共行的古建测绘教学方式。

**参考文献：**

[1] 白成军．三维激光扫描技术在古建筑测绘中运用及相关问题研究[D]．天津大学硕士学位论文，2007．

[2] 余明，丁辰，过静珺．激光三维扫描技术用于古建筑测绘的研究[J]．测绘科学．2004，29（5）．

[3] 王其亨主编，吴葱，白成军编著．古建筑测绘[M]．北京：中国建筑工业出版社，2006．

作者：张智敏，华南理工大学建筑学院　讲师

# 传统建筑，还是建筑传统？

## ——"真实历史环境中的建筑设计"
## 自主式毕业设计教学探讨

冯江

Traditional Architecture, or Architectural Tradition: An Exploration of Teaching on Self-leading Final Design in Actual Historic Environment

■摘要：论文介绍了华南理工大学历史建筑保护专门化方向近5年来的"真实历史环境中的建筑设计"的概况，包括每年的命题、毕业设计的具体过程，如阶段的划分以及各个阶段的训练重点；总体上尝试了更加开放的自主式毕业设计，在传统建筑和建筑传统二者之间，更加看重对建筑传统的理解，以此为基础来展开方案设计。6位毕业生应邀回顾了自己当年的毕业设计。

■关键词：自主式毕业设计　传统建筑　建筑传统　历史环境　视域

Abstract: The article gives a general introduction of the last five years' self-leading final design in the Historic Conservation Sector, South China University of Technology, mainly about the topic assigning, phases clarifying and focal point of each phase, etc. In the training, the base of the architectural design is not traditional architecture but architectural tradition. Six invited students graduated in last five years contribute retrospective short essays to the experience of final design.

Key words: Self-leading Final Design; Traditional Architecture; Architectural Tradition; Historic Environment; Horizon

　　在华南理工大学历史建筑保护专门化教学过程中，毕业设计受到指导老师和学生的特别重视。建筑历史板块毕业设计本身抱持开放的理念，具体的命题有着尺度和类型上的多样性，但有两个确定的要求：一是基地必须位于真实的历史环境之中；二是强调设计的完成度，规模相对较小，经过精细设计的建筑和户外景观的面积达到 3000m² 即可。

　　从 2005～2009 级，在与苏畅、刘虹、徐好好、禤文昊等老师的先后合作下，笔者迄今已指导了 5 届历史建筑保护专门化方向的毕业设计，每年的指导老师为 2～4 位，学生 6～8 名，选题均为"真实历史环境中的建筑设计"，有时会要求全组首先共同完成总体设计或城市设计，建筑设计必须为个人成果。5 年来，我们坚持了教师设定宽松的框架、学生自主推进毕业设计的做法。在此加以回顾和整理，以就教同道。

## 一、命题

指导教师作为命题者，需要给学生以明确的约束和引导，同时也要提供足够的空间以支持学生的自主思考和创造性设计的产生。

在真实的历史环境中展开设计，必须同时思考历史和现实，因为历史环境同时也是现实环境，命题兼顾对历史环境的理解和对现实问题的发现，设计也同时回应历史和现实，需要思考如何将历史传统结合到现实的环境和日常生活中去。

设计者首先要了解历史环境，尤其是其形成的历史原因，所以设计必然是从对传统建筑和环境变迁的了解开始的，需要进行细致的现场踏勘和测绘，包括了解材料和建造原理，因之，实地踏勘和测绘不止于记录各种尺寸和形状，而更侧重去了解场地组织和建造的原理、方式。设计的目标不是再造传统建筑，而是透过传统建筑去理解当地的建筑传统，对设计而言，理解建筑传统比了解传统建筑更为重要，它提供了让历史、现实和未来产生实质关联的可能，同时，也超越了对过去的单纯模仿。

笔者在毕业设计教学实践中的主要尝试是将教学的重点从传统建筑延伸向建筑传统，相应地，学生的前期工作从对建成结果的了解拓展到对建造目的与过程的了解，从中产生设计的目标和方法，寻求在传统建筑和新建建筑之间达成默契。在题目的设定中，教师给出相对宽泛的地形范围和条件，提示一些与历史和建造有关的关键词，约定设计成果的基本要求，其他的工作内容都由学生自主进行，包括历史环境的整体分析、场地阅读与地块选择、设计所面向的目标人群与具体任务书的制定、构思与方案生成、设计成果表达与讲述等，而且要在讨论中说明自己决定这么做的原因。

笔者所指导的 2010 年至 2014 年毕业设计选题如下：

### 1. 2010 年：荔枝湾涌沿线地块改造设计

荔枝湾涌地处广州西关，沿线分布有成片的西关大屋和多处行商园林的遗迹，因历史上的羊城八景之一"荔湾渔唱"而闻名。1992 年，整条河涌被水泥覆盖为道路；2010 年广州亚运会开幕之前，荔枝湾涌揭盖复涌，从而为沿线地块提供了新的改造机遇。可挑选两个临水地块中的任意一块进行设计：A 地块上有莫伯治先生设计的泮溪酒家，近年来屡遭破坏性改扩建，要求在充分阅读图纸档案和文献的基础上，对目前的泮溪酒家进行改造，关键词是"水"、"岸"、"楼"、"庭"、"廊"，让这座遭遇局部拆除和随意加建的园林酒

家重焕生机；B 地块上有一座多层仓库，要求结合仓库改造设计一座面积约 5000m² 的古玩市场，以安置原来道路沿线的商户，关键词是"文塔"、"桥"、"古树"、"仓库"。

特别邀请了研究传统园林的苏畅老师共同指导。参与学生 6 人：车佩平、李海波、李睿、窦宗浩、梁思欣、韩潇。

### 2. 2011 年：高第街－许地旧城更新设计

设计范围位于广州市历史文化保护区高第街，研究范围东至北京路，南至泰康路，西至起义路，北至大南路，总面积约 20hm²。此地历史上是广州南城的核心区域，研究范围内有被覆盖的护城河玉带濠、许地、高第街和一批保存较好的近代建筑，其中许地居住着有"广州第一家"之称的许氏家族，高第街在改革开放之后成为我国的第一条个体商业街。整体上，该街区的环境处于衰退中，街区活力明显不足，而且近 30 年来大量地加建和新建高层建筑已经侵蚀了历史街区的肌理。要求在不损害文物、历史建筑本体的前提下，在研究范围内选择一块 0.5 ～ 1hm² 的用地，其中必须有保留（可局部保留）的建筑，自行设定具体的功能内容，以增强街区的活力为目标。与外部的交通衔接、高度控制应遵循城市规划的要求，建筑密度不得高于现状，绿化覆盖率比现状提高 8% 以上，容积率不得超过现状的 120%，建筑与户外景观设计面积约 5000m²。

1）要点：被叠加了很多次的街区形态与空间记忆；玉带濠、许地、骑楼；高第街的当代意义；对复杂流线的合理组织和风貌控制。

2）合作指导教师：苏畅、刘虹。参与学生 6 人：江嘉玮、蒲泽轩、徐萱、陈喆、温杭蓁、何婷君。

### 3. 2012 年：虎门炮台陈列馆设计

位于东莞市虎门镇威远岛的威远、靖远、镇远、南山、蛇头湾等一系列炮台和兵营构成了虎门炮台群，山顶、山腰、岸边均有炮台分布，曾经守卫着南中国的咽喉。虎门炮台遗址广大，面积达到 48.76hm²，现状为面向公众免费开放的遗址公园，游人众多，但配套设施十分简陋，缺少专门用于遗址介绍和贮存、研究、展示展品的陈列馆。可在威远岛上自行择址，考虑交通条件、市政基础设施条件和周边环境，考虑炮台建筑的特点，结合地形、遗存情况和遗址保护要求，设计一座总建筑面积约 3000m² 的虎门炮台遗址陈列馆。

1）要点：遗址、海防、陈列、材料、光。

2）合作指导老师：徐好好。参与学生 6 人：张异响、宋梁、何婧、杨文君、李子龙、刘诗然。

### 4. 2013 年：新八和会馆设计

粤剧是世界上受众最多、传播最为广泛的地方戏剧，2009 年被列入联合国教科文组织人类非物质文化遗产名录。恩宁路街区历史上是粤剧名

伶的集中居住地，周边戏院众多。八和会馆是粤剧艺人的行业会馆、海内外粤剧艺人的精神祖庭[1]，现亦位于恩宁路上。为弘扬粤剧艺术，同时为周边的近百个粤剧曲艺私伙局提供培训和演出的场所，拟结合恩宁涌改造工程，在八和会馆附近择址，建设新八和会馆，可结合现有骑楼改造。

1）要点：粤剧；新八和会馆与现八和会馆的关系；恩宁涌；传统街巷肌理。

2）合作指导教师：徐好好。参与学生8人：陈倩仪、彭颖睿、杨皓翔、杨冰、马文姬、覃洁、张健梅、蔡宁。

**5．2014年：丹霞山世界遗产体验营地设计**

地处韶关市仁化县的丹霞山因〝色如渥丹，灿若明霞〞而得名，山中不仅有美轮美奂的丹霞地貌，也有优美的河流和独特的文化景观，历史悠久的乡土聚落、寺院和山寨分别占据了山麓、山腰和山顶。村落、建筑、人和丹霞山及锦江相处融洽，似乎总在与自然交谈。受地质条件和耕地规模的限制，丹霞山地区总体上经济欠发达，传统的建造十分朴素。2010年丹霞山作为〝中国丹霞〞的组成部分被列入世界自然遗产名录[2]，吸引了更多人到此以步行、漂流、骑自行车等方式来体验世界自然遗产，常有成群结队的驴友到此宿营。为了让青少年旅行者和自然遗产爱好者能够深度了解和体验世界自然遗产的知识、风景和观念，可在4个推荐选址中择取一处，面向在此停留3～15天的青少年体验者建造一座营地，包括生活营地、知识营地和训练营地。用地面积约4000m²，建筑面积3000～5000m²。可以结合旧建筑改造，也可完全新建。

1）要点：自然遗产，丹霞地貌，风景，村落，人。

2）合作指导教师：徐好好、禤文昊。参与学生6人：朱彬、杨晓波、李梦然、刘诗瑶、周经纬、张筠倩。

**二、过程**

因应不同的选题，教学具体要点和组织过程也会有不同，但总体而言，近年来笔者所指导的毕业设计均有较为稳定的内容，包括现场踏勘、文献收集与阅读、场地选择与任务设定、多维度分析与方案构思、设计逻辑的确立、设计表达等。虽然设计是一个整体的难以简单切分的过程，但教学仍然选择分阶段进行，大体分为4个阶段：相地（3～4周），立意（约2周），方案生成与发展（约6周），设计表达与讲述（约4周）。

各个阶段很难绝对分开，事实上各阶段之间存在着紧密的联系，在后阶段的工作中往往会回过头来对前面的阶段进行反复的思考，对之前的设定进行调整，以上的划分主要根据教学中学生相对集中工作的内容。每阶段教学的组织与学生

的学习要点如下文。

**1．相地**

学生的自主设计从相地择址就开始了。面对老师给出的一个只有很少要求的任务书，学生必须自己制定一份真正可以进行设计操作的详尽任务书。如何形成一份合理的任务书？显然首先是释题，在阅读和理解历史环境的基础上，确定具体的基地。现场踏勘、文献阅读和设计总体目标的设定同时进行，又以相地为要。

只有通过现场的反复踏勘甚至测绘、访谈，学生才能获得真切的场地体验和认知，接触到能触动自己的路径、场景、建筑和人，区别多个潜在地块的特点，涉及地形、地貌、地质情况、气候条件、不同方向的景观、阳光照射情况、现有建筑和植被状况、其上的居民或使用者及其对土地和空间的使用方式等，从而发掘不同基地的特质。而与设计所在地点相关度较高的文献，尤其是地方性文献，则非常有助于深度阅读，了解自然条件、人们如何到达此地、历史上和现实中包括建造在内的生产和生活方式等等，进而理解当地的建筑传统。结合自己对目标和目标人群的设定，从多种可能性中自行挑选出自己即将展开设计的地块。

通常，学生们会在多次踏勘和讨论之后，逐渐寻找到能够体现历史环境特质又契合设计目标的几处地点，然后各自确定即将展开设计的场地，自行划定建筑红线，并且明确为谁而设计。以丹霞山世界遗产体验营地设计为例，为水上体验者设计的营地会选址在竹筏码头附近，为骑行者所设计的营地则会选择绿道与水道的交汇处，而为外来小学生与本地小学生共同使用的夏令营则选址于夏富小学。

在相地过程中，引导学生树立〝视域〞（Horizon，即地平线）的概念[3]。由于在确定具体的基地之前，学生的地形图上并没有画出任何一条用地红线，因此学生要在更大的范围中思考设计——包括更大的空间范围与更长的时间范畴，也就因此需要有空间视域（Object-Horizon）和时间视域（Act-Horizon）的意识[4]，以此作为寻找具体建造基地的前提。每一块真实的土地，其面貌都是到目前为止不断刻画下来的自然和社会性的肌理[5]，表象之下蕴藏着决定性的地质构造，当下的场景中包含了〝已过去的现在的意义〞，充满了历史和记忆[6]，隐含着文化、共同体、他者、日常生活等沉默的视域，因此，对场地的阅读应该是参与性的、具有穿透力的深读，通过身体、精神和思考的在场来理解场地，结合自己的设想来确定具体展开设计的地块。

**2．立意**

随着地块的确定，毕业设计进入了发现具体

问题、设定具体目标和自行拟定详细任务书的阶段；同时，寻找切入点、酝酿构思立意。详尽的任务书可以说是与构思立意同时完成的，功能配置、规模设定、使用人群、技术支持、户外景观与场地的要求等等，需要在相对稳定的任务框架下不断进行细微的调整。

相地和立意本不可分，选择不同的地块通常也就选择了不同的设计取向：曲折幽深的路径还是一目了然的风景？渗透到每个细节中的日常生活还是相对端庄的纪念性？聚落的乡土气息还是新要素与新性格的引入？正如"仁者乐山，智者乐水"，已有大致的分别。但在设计操作上，需要结合基地制定内容详细的任务书，对于学生来说，从之前被动接受任务书转变为自行确立使命、做出相关决策，在理解为什么这样制定任务书以后，设计本身可以更为坚决和高效。

从近年毕业设计的实际情况来看，学生总体上很善于从不同的角度和来源寻找设计的立意，例如，可能来自莫伯治关于岭南庭园的论文、许地的长者关于历史的口述回忆、关天培的《筹海初集》中有关水师和炮台的内容，也可能来自电影《虎度门》、粤剧的工尺谱、袁枚的《游丹霞山记》、谢灵运的《山居赋》等等，历史与现实的相互观照往往会产生很有价值的切入点。

### 3. 方案生成与发展

在立意确立以后，就进入学生比较熟悉的过程和节奏。学生需要注重方案发展的逻辑和对设计目标的经常性检视，技术问题要在这一阶段得到解决。深度上要求提供主要细节的详图和对建造的考虑。在从草图到方案定稿的6个星期里，学生通过比例尺越来越小的图纸和工作模型来循序渐进地推进方案深度，在教学讨论中重视场地模型、结构模型和建造逻辑。对于参加毕业设计的学生来说，前4年已经有了比较相类的经验，在有确定的设计目标、自我认同度高的基本构思和明晰的设计逻辑的前提下，学生已经能够自我判断方案发展过程中的许多问题，老师在本阶段的教学中大多是讨论设计方案中的疑惑处、关键处或缺漏处，帮助学生建立设计逻辑，梳理出方案的特点，为建造设计提供建议。

### 4. 设计表达与讲述

根据学院的统一要求，毕业设计的成果需要以3种不同的形式提交：A1图版，用于毕业设计展；A3文本，便于答辩前的统一提交和评阅老师阅读；演示文件与模型，用于答辩时的现场介绍。设计的讲述包括图文的讲述和口头的讲述，答辩要求学生在确定的时间内完成讲述，将自己的成果恰当地传递给他人，并管理好各部分的轻重和自己的情绪。设计表达不只是提供方案的技术文件，设计的理解、分析和过程的呈现对建筑历史

板块的毕业生来说同样重要，成果要求纳入基地分析、文献阅读、设计逻辑、方案等全过程的内容。

指导教师在这一阶段主要与学生讨论表达的形式和基本逻辑，一般来说，A3文本按照线性的时间逻辑展开，图板按照位置的逻辑排布，而模型则可以呈现更加直观的空间和结构逻辑。学生共同整理小组成果，各自完成个人成果，提倡通过手工制作的系列模型展开答辩讲述。

大多数学生形成了一种把方案构思能力和绘图能力当作"硬实力"的观念，而忽略了表达其实也是设计非常重要的一部分，常有学生自居实力派，猛攻方案构思、技术图纸和模型，而懒于最后的表达，殊为不智。而且，仅有制作的工作量并不足够，表达方式的选择、讲述逻辑与设计逻辑的契合对于设计的呈现才是真正决定性的，在反复权衡中甚至要放弃某些已经完成的工作，这是设计过程中相当重要的一步。

### 三、学生对毕业设计的回顾与教师点评

乍看起来，指导老师在自主式毕业设计中扮演着十分轻松的角色，几乎所有的事情都交给学生自己去解决；事实上，面对着学生所做出的更多元和更不确定的选择，老师要做出差异化程度更高、针对性更强的指导，大概是一种因材施教吧。

笔者邀请了2005～2009级5届的6位学生，请他们回顾各自的毕业设计过程，主要针对但不限于以下问题：

1) 你如何阅读设计要求？
2) 为什么选择这块地？
3) 对于问题、目标和切入点的分析与判断；
4) 方案的设计逻辑，以及方案发展过程中的重要时刻；
5) 关于设计表达和最终陈述的主要思考。

感谢6位同学的认真回应，他们写下了各自对毕业设计的感想。受篇幅所限，有部分删节。

### 05级 车佩平（现东京大学硕士研究生）

4年前，我们是华工第一届历史建筑保护专业的学生，由此毕业设计课题也与一般建筑学专业的学生有所不同。毕业设计的题目有传统建筑修复与设计的题目，历史环境中新建筑设计的题目，也有旧城保护规划等不同维度的题目。基于选择这一专业的初衷，我选择了历史建筑环境中新建筑设计这一方向，在老师的指导下完成泮溪酒家改扩建设计。

整个毕业设计其实从大五上学期已经开始，我们没有学长、学姐们的毕业设计成果可供参考，毕业设计选题、选址以及进度都是和老师们一起摸着石头过河般一步步推进。以往的课程设计总是老师事先选择好场地，制定设计任务书，此次

毕业设计却需要由学生自主完成。我们在获得了前所未有的自由度的同时，也感受到前所未有的挑战。

回到毕业设计的题目——泮溪酒家的改扩建，原泮溪酒家由建筑家莫伯治先生设计于20世纪50年代，是岭南园林与商业建筑结合的一次成功而大胆的尝试；1970年代林兆璋先生进行了一次比较大规模的扩建，把毗邻的荔湾湖纳入庭园景观中；今天的泮溪酒家，一方面因营业面积不足而不断擅自加建，已经使原来的庭园空间品质受到破坏，另一方面，周围的城市环境也已经发生很大变化（古玩街搬迁，荔枝湾涌重开，荔湾湖公园对城市开放）。如何理解前人的设计，如何理解建筑与城市在时空上的变化，并大胆地畅想泮溪未来的蓝图，这是我的毕业设计对我提出的考验。

我的毕业设计推进过程并不顺利，前期花了大量时间去阅读岭南庭园以及莫伯治先生的书籍，设计方面却始终找不到令人满意的立意。直到提交前一个半月与冯老师的一次讲评，才最终确定了以"园林空间中运动的风景和静止的风景"（"可游"与"可居"）作为设计主题。立一个好的主题，除了需要建筑领域的专业知识，还应该依靠平时的积累，磨炼触觉。事实上，那些前期阅读甚至包括山西古建考察对传统窗花样式的研究都没有白费，它们在脑子里酝酿发酵，最终才成为了我立意的来源。虽然最后只剩下一个月的时间着手设计制作，还是差强人意地完成了毕业设计成果。

华工当年评判学生毕业设计主要通过答辩，所以很多同学对毕业设计展不以为然。私以为制图、模型表达、方案陈述等也是设计很重要的部分：表达的形式对人们如何感知内容非常重要。但同时，重视设计表达不等同于赞成单纯为了展示工作量的堆砌或是夸大的无意义的炫技，毕竟建筑设计不同于平面或其他映像设计。

毕业设计对于每个建筑学专业的学生都应该是一次难忘的设计过程。这个过程的体会也许是富有启发的，充满遗憾的，令人反思的。在历史建筑保护班完成毕业设计的经历让我认识到，传统历史建筑建构的知识和对历史城市环境的理解，这些都是创作的源泉而不是禁锢想象的枷锁。对待历史和传统，设计不应该拘泥于传统元素的堆砌而或许更应该从空间品质方面继承和创新，这也是先辈们对待历史的智慧和态度。

点评：车佩平选择了对莫伯治先生的作品泮溪酒家进行改造和扩建，她解读了莫伯治最初的设计，以多个不同特点的"庭"和灵活多变的"廊"组织整个建筑群，1974年的加建纳入了对荔湾湖水面的考虑，而自己的设计则需要同面对荔枝湾涌。最后的设计以"可游"、"可居"两种游赏方式来组织空间，以"屏"与"取"来组织景观，整理了不当的改造，以水石庭、平庭、水庭等不同的庭园形式以及丰富的景观体验重新赋予了泮溪酒家原有的意趣，也带来了新的活力（图1）。

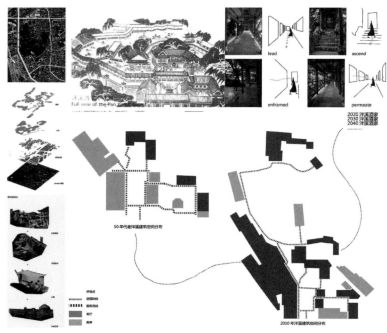

**图1 泮溪酒家改造与扩建设计（设计者：车佩平）**

**06级　江嘉玮**（现同济大学博士研究生）

设计主题：家族史、日常性与片段化的基地阅读

毕业设计已经过去3年，昔日与师友共同讨论、穿街走巷拜访街坊的场景仍历历在目。很多设计中的细节已经记不清，但印象最深刻的是从这次设计中真切地感受到做一个当下的设计所能够具有的历史关怀。于是拟了几个词来大致概括当时的所思所想：现状的基地很破碎，人流杂，业态多。但我们知道它在历史上曾经是一个比较完整的地块，叫做许地，属于许姓家族。设计要考虑的问题有两方面：在历史层面，回溯家族史；在现实层面，考察基地的日常性。如此一来，破碎的基地信息就有可能连为一体。我尝试组织起当时的这些零散片段。

许地位于原广州古城南城的高第街地块中，面积接近1hm²，这就是我的设计范围，但纳入考察的范围包含整个高第街地块近20hm²的面积。如今的许地凋零，但它却是一个故去望族曾经开枝散叶的地方。作为土生土长的广东人，我对家族的宗祠留有深刻印象，所以当我走进许氏家族现存已遭严重改易的祖祠时，惊讶之余，难免感慨。不由自主地我希望去了解一个家族曾经繁盛的历史，进而去思考我在这个地方的设计，是不是可以比较好地读懂她，能不能为未来潜在的旧城更新提供更多的思路。

本次毕业设计是一个真题，应广州市旧城改造项目之"运"而生。冯老师要求毕业设计小组在进入个人具体地块的设计之前，需共同完成总体城市设计。毕业设计小组讨论后认为许地应以修复与改造为主，保持原有古宅群的低层高密度格局，以望族历史重新挖掘地块文化内涵，失去的容积率可由周边地段补偿。我们小组会将问题尽量模拟着往真实的方向考虑，同时为自己假设并提出很多在旧城改造中可能遇到的问题。历史组的教学希望能够给给学生更多的自主性，包括让学生自选地块、自拟任务书，培养问题意识，对基地展开历史阅读，训练处理不同尺度空间的绘图技能、成图表现能力等等，是这份长达一个学期的毕业设计作业的若干个目的。

在历史街区进行的设计应当具有浓重的历史感，为了打开设计思路，我首先尝试扎入芜杂的历史信息中找线索。历史文献的阅读既是对许家家族史的整理，又是对地块形态演变的梳理。我和赵一澐学姐联系上了许氏宗亲会，许氏后人慷慨向我们提供当年的地契史料。依凭多份原始的地契及过手契，并且比对一份许氏在世高龄族人回忆的房屋分布图以及现状格局，我们整理出许地由西向东逐步扩展的历史线索。幸运的是，在许地宗祠后来被胡乱加建的厕所内，我们找到了

被埋入墙中近乎被毁的修祠碑记，读到了宗祠当时的形制、规模、尺寸。这一切的历史研究，为我往后从群体到单体层面的修复都提供了依据。

在持续两三周的史料整理结合现场调研的过程中，我越来越感觉到，人的故事是鲜活的，建筑的故事也是鲜活的。许家始祖拜庭创业维艰，子辈祥光守业以勤，孙辈应骙、应荣、应锵权倾一时，曾孙辈崇清、崇智、崇灏各执文武，可惜及后，家道中落，族人外迁。再看许地的建筑群，它既有着因为依循邻舍不规则界面而造成的弯折，比如门官厅一带，也有着大手笔购地后成片的规整开发，比如宗祠。许地在形态上有着"理性"与"非理性"因素的叠合，并且这种叠合是自然的，因为它经历了时间的冲刷。综合起家族史与建筑的形态演变，能发现一些许家人在造房子时的自家讲究，比如为勉励后辈子孙读书而设立圣人厅，子孙分宅导致纵向进院关系明显，等等。

当许家族人相继迁往台湾、香港后，当下的许地日益凋零。走出文献后，我对许地的现状展开了调研，包括对这1hm²地内的每栋房子记录其建造年代、业态、居民类型等信息，还进行若干次访谈，听听居民自己的故事。调研中我认识了还住在许地的许家后人，比如许家第6代族人许绍璋婆婆。她为我讲述了她小时候在许地的生活，并且带我去她家里看了一些老宅。我有时会询问她对于许地将来改造的一些看法，她也乐意与我讨论。她说她一辈子住在祖宗这片地上，实在不愿离开，于是我甚至构想以后假如将许地改造成为关于许家或者是高第街的博物馆，即便将许婆婆迁出也可以在许地旁为其寻找安置房，她甚至每天都还可以便利地回到许地做义务讲解或者进行日常休憩活动。许婆婆表示她乐意接受这样的改造安排。

调研基本结束，进入到自拟任务书的阶段，我首先统计了地块中的文保单位以及质量较好的老宅子，发现它们大约占到原许家古宅的一半，我决定将采用修缮的策略。对于另一半，由于已被拆毁或者破损严重，我面临着两种选择，要么仿建，要么新建。为了增加设计难度，同时训练协调新旧建筑的关系，我决定采用全新的现代材料和形式来设计新建筑。这个策略在方案前期很早就确定下来，于是如何在群体与单体层面展开推敲现代设计与传统建筑的关系就成为贯穿方案始末的重要线索。

基地正因许多这类鲜活而微妙的单体关系而变得有个性，平面图也就成为这种个性形象的表达，从而我的设计也就选择去尊重这种基地上的偶然性。我并没有选择在改造中拉直道路，而是根据原有肌理尽量保持了斜线与夹角。它们或许对路径以及人的感官产生的作用并不明显，但这

表明一种设计态度。此外，我还持有的另一个态度是，历史终究是逝去了的，设计者要有历史关怀，但不能忽视现实与当下，才是真正需要面对的。一个设计假如只是保留了各个时代的历史痕迹，或者只在材料运用上面下功夫，都不足够。当下的日常性是促使我体察这片基地的活力的一个很好的角度。比如说，历史上的许地是占据近 1hm² 地块的家族用地，四周界面封闭，而当它部分家产被变卖、一些房舍被拆除后，它就不再是一个完整的地块，它四周的界面就出现了豁口，渐渐地，内部的巷道就成了公共的、可穿越的巷道。如今，周边的居民在进行诸如上下班、买菜等日常行为时，都习惯了穿越这些道路。所以我认为，即便将许地修复成一个整体的博物馆，也不该打断这种穿越的可能，因此关于界面的问题尤为重要。在往下推进方案的过程中，我做了很多轮尝试，看如何保持方案在基地的公共性与私密性、界面的开与合、日常行为的保留等层面的平衡。

方案按部就班地推进。当某个阶段涌现的困惑与纠结被克服掉之后，就鼓励自己赶紧进入下一个阶段。模型越做越大，草图也从总体布局画到了单体甚至是细部。我在这一次设计中，终于强烈地意识到过程模型一定要用来推敲，所以我构思了很多种制作模型的方式，来考虑不同层面的问题，比如空间、材料、结构。老师的指导以及与同学间的讨论，让我在处理平面布局乃至细部设计的问题上都有了更多考虑。距离交图还有 3 周的时候，我基本结束了方案设计，进入到制作和表现的阶段，当然，方案也还是会微调的。放弃渲染图之后，我采用制作模型的方式来表现空间。在最终的图纸上，我还特别注重剖面的表达，因为新老建筑之间的檐口高度、窗户位置等等问题都可以在剖面中进行最后推敲。但由于时间限制，方案没能在材料与构造上作出更多探索。

借此机会再回顾了 3 年前的一段研究与设计历程，也还有很多收获。回望中，我最大的感受是，培养一种设计态度比训练设计技巧更为根本。在历史街区中开展的设计，未必就一定需要表达历史性，但它总是需要传递某种历史感。假如说一个历史街区中的老建筑如同住在里面的人一样，是一群鲜活的个体，那么，一个置于其中的新设计，应当向它周边的长辈们致以敬意。我们作为设计者，无非也就是一直在忖度如何礼貌地致敬而已。

点评：江嘉玮的设计以扎实的历史研究和大量的现场工作为基础，方案中最为重要的决定是用南北向的保留建筑和东西向的新建建筑共同形成许地博物馆，前者用于展示旧时的大家族生活情景，而后者则用于对许地和许氏宗族的诠释、研究和新的展览。在最后的答辩中，提到一个有趣的见解：两个相互垂直的系统暗示了一段历史掌故，即光绪时期的礼部尚书、出自许地的许应骙与维新派南海康有为之间在政见上的斗争。世变中的家族兴衰、建筑更替发人深省，江嘉玮充满勇气地挑战了将历史感悟融入了建筑群的空间组织和设计讲述中（图 2）。

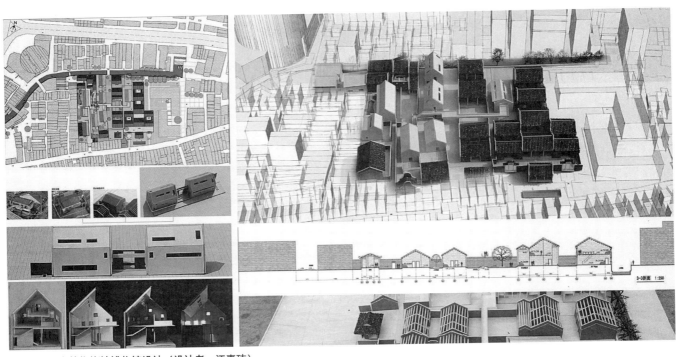

图 2　广州高第街许地博物馆设计（设计者：江嘉玮）

07级　张异响（现华南理工大学建筑学院硕士研究生）

　　从题目可得，选址位于全国重点文物保护单位虎门炮台遗址附近，但是具体在哪儿是未知的。如果选址太靠近文物本体，对文物保护法规的触碰与讨论，以及对场地与历史遗存的策略与态度，将成为设计过程中一直存在的难点。求助于指导老师，问及任务书何如，回曰二字："自拟"。场地选址、展览内容、指标要求，全都藏在老师似笑非笑的神情里，众人讨论一番，无头也无尾，犹如摸石头过河。

　　当真正摸到虎门炮台的"石头"，听到那不分昼夜的海涛声，一切似乎又清澈起来，我们常常不厌其烦向他人诉说遗址的美，谈论历史的动人细节，然而关于触觉与听觉的震撼只能属于自我。从场地回来，便萌生了把历史还原到具体空间的想法，离开高高在上的气象，回到对历史文献、地址和水文的专题阅读中，这种"噫吁，危乎高哉"的感慨渐渐有了真实的根基。小组成员各自对于基地相关的话题展开调研，随着了解的深入，场地逐渐变成鲜活的史书。虎门炮台的墙不再是简单的一道土墙，而是继"敌弹袭来，石块崩裂，徒增伤害"的石墙后改良的夯土 "chunambo"（舂袜）墙；海水不再是简单的涨落，而是从玄武纪以来，亿万年不变的潮水双向精确吞吐。道光二十一年正月初六巳时，带着大角之战失利后的决心，关天培和他率领的清军痛苦地发现，顺潮疾行入侵的英军舰队早已驶离万斤神风炮的准星范围，而装备74门主炮的战列舰"麦尔威厘号"倾泻而出的葡萄弹，更让清军引以为豪的露天炮台群成为人间地狱——"查外夷兵船闻驶入内亦甚畏此炮火，是以必候南风长潮乘流水涨发之际，风水皆顺，飞驶而过。夷船本极坚厚，船之两旁又支挂挡被，各台炮位纵能接联施放，平时并未演准，何能炮炮中船？且一炮之后赶装二炮，船已闯过。是外势虽属雄壮，而终难阻截。"每每回想，似乎都能看见清军守兵惶恐而悲愤的神情。进一步详细的研究，包括对岸线的变迁、历史地图的细查和实地的测绘，甚至能在地理位置上还原进攻的路线、水流的速度和炮台的射程。虎门，竟是这么一处由地理因素主导，承载了沉重历史的空间。

　　专题的研究令人兴趣盎然，专题之后，回到设计本身，这些研究并不能直接指向设计，而更像是化学反应中的催化剂，经过之前不同尺度的调研，场地不再是空白一块，而是充满了丰富的索引，我们所要做的是明确需求与问题并恰当地作出回应，任务书因而也逐渐地在小组与老师的讨论中成型。而因为每个人的选址不一，实际上对待关键问题的回应也逐渐产生分化，有人的选址回避了紧张的文物保护线，去拥抱自然，有的人选择对非人工的基地线索如潮汐、风进行回应，而我由于较早地被虎门战争风云迷住，选址是坚定地将基地放在了邻威远炮台及其兵房旁，并明确地给自己出了个题：如何"观看"历史？

　　"观看"的提出也出于对虎门战事的研究，敌舰"虎视眈眈"地瞄准了炮台，守军透过厚厚掩体中的炮位洞口也"盯住"了敌舰，潮汐、山体、炮台的位置，来袭的水线等等，都与"看"这一动作息息相关；而今天的我们，也是在"回看"这一出出历史的剧目。如何观看与游览、观看的具体对象是什么，成为遗址博物馆更具体的设计追求；同时需要审慎地选择建筑的姿态，以回应展览的主旨。老师一再反复强调对基地的回应要从策略入手，但是却不会轻易提供答案。办法的匮乏也使得整个概念的着陆推迟到中期答辩后。

　　选址位于北靠南山南临伶仃洋的第一道防线威远炮台旁，一条现状路从线性排列的炮位后经过，路的西南面是威远炮台的战壕围墙，路的另一侧是几栋20世纪70年代违建的管理用房与民居，山上沿路布置炮位数座，山顶则是南山顶台群所在位置。我的策略是对路旁违建房用地重新利用，以改建和部分拆除的方式将新的展馆引入场地；同时，面对近在咫尺的遗址，"回望"是建筑的主要设计概念，通过平行战壕的展厅与垂直炮台的观景空间来提示遗址的存在。另外，我并没有因为选址处于文物保护范围内而对建筑采取保守的姿态，"新"与"旧"本即是随时间变化而相互转化的双方，历史最重要的价值之一便是面向未来。

　　问题就出在度的把握上。在方案形成的过程中，之前4年形式至上的训练对这种历史环境下的设计推进造成了极大地困扰；习惯于从形式出发的美感操练，将建筑应该秉持的交流姿态等同于建筑自身扩张的展示形态。不过从某种程度而言，又缺乏应有的勇敢，例如在对待场地内违建房的态度上不够坚决，如果更清晰地表述对违建房的拆改办法，更清晰地展现改造前与改造后的差异，则能从现实意义上让这次虚拟设计更具有可操作性。

　　最终的汇报包括了评审团汇报、模型展示与毕业展览，我提交了两份方案文本用于毕业答辩，一份大版用于毕业展，3个不同比例的成果整体模型、3次过程草稿模型作为方案

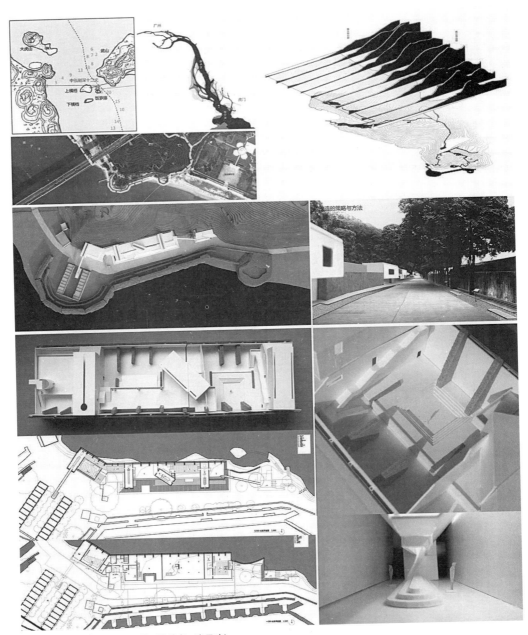

图3　虎门炮台遗址陈列馆设计（设计者：张异响）

展示。评委老师肯定了小组前期调研的成果和方案的表达，转而对包括我在内的设计小组提出了相同的疑问：如何让自己的设计站得住脚，即在这种敏感的基地，如何解决"建筑为何而来，为何而造"的问题。同期，坂本老师来华工作了一次小范围的评图，提出"为什么这样做"？我按照自己的理解回答了一遍，郭屹民老师又重新翻译了看上去很严肃的坂本老师的问题，"你没有回答我，为什么这样做？"我才明白，毕业设计看似自由的设计推进，更多的是依靠自我的检查与审视来前行。看似丰富的成果之下，无法掩饰的是我们对待设计的态度差别，这似乎不是一次毕业设计就能解决的问题，更多是在同一个建筑师职业生涯都需解答的问题。毕业设计不是结束，而是开始。

　　点评：就在遗址中，靠近一处较大的营房遗址，张异响选择了以轻盈的方式支撑起一座两层的陈列馆，通过空间序列的组织、多个转折点上人与遗址的对话，将新建的陈列馆融入遗址，陈列馆之轻与遗址之重相得益彰。同时，新的设计并不是消隐的建筑，而是充分结合遗址条件和凸显感染力的再创作。令人纳闷的是，到最后，模型和图纸中都没有展示这座建筑的屋顶到底是什么样的，难道也被敌舰的炮火掀掉了（图3）？

08级　陈倩仪（现华南理工大学建筑学院硕士研究生）

　　"新八和会馆"这个毕业设计最开始是没有设计任务书的，除了知道要建筑面积大于3000m²之外，什么都没有限制，所有东西都是自由发挥，这样对于我们这种一直以来都跟着任务书的人来说，还是挺困难的。但是通过后来的调研和思考，我觉得这种没有"任务书"的设计任务实在太好了。我认为一个好的建筑设计离不开一个好的策划，特别是建筑师也参与到策划中的时候，才能更加好地将建筑与功能结合在一起（现在很多的建筑师缺少了参与策划这一环，总觉得缺少了什么）。

　　我们通过现场调研、访谈、查阅资料等最后定下建筑功能，每个人都不一样。这样设计就变得非常有趣了。当时通过各种调研，我认为如果把新八和会馆建成一个博物馆的意义不大，类似的博物馆在广州也有，但是互动性不足，不能起到很好的推广作用。与其建给不喜欢粤剧的人用，我认为不如就建给喜欢粤剧的人用，只有喜欢粤剧的人得到很好的对待，才能把粤剧很好地发展开来，其他人也才会发现粤剧的好。所以，我对新八和会馆的定位最后是给八和会馆的成员和粤剧爱好者使用。

　　其实选择这块地是个很理性的过程。好多人会选定了一块地就不改了，就算最后发现不适合自己的方案。所以，我认为开始选地的时候就要有初步的设计构想了，因为两者是互相影响的。我当初的设计构想是想恢复旧八和会馆的八堂制度，但是突然在一块空地上盖8个体块，我觉得这种做法理由不足，所以后来当我看到旧八和会馆相邻的竹筒屋时我的理由来了：竹筒屋以其承重墙结构分成一条条很独立的纵向空间，这就非常符合我的各自独立的八堂制度的构想。

　　最开始选地的时候，选择的是八和会馆以西的8栋竹筒屋，但是通过后来对场地更加深入的分析，发现八和会馆以东的13栋竹筒屋具有更好的潜质：它除了有骑楼立面和临水的立面，还有一个面向侧面居民楼前小空地的一个界面。多出一个界面，而且这个界面可以连接恩宁路和河涌，这就可以给我的设计带来更多的可能性，我果断改选了这块地。

　　所以，我最后发现选地真是个技术活，要契合自己的方案，要有限制条件（否则设计很难做下去），但是又要有足够的可能性。因此，选地的时候一定要做好分析，同时不妨多选几块一起来比较。

　　新八和会馆的设计发展有几个重要时刻：

　　第一个是测绘的时候，由于技术的限制，其实精确度并不是很高，但更重要的是对竹筒屋的分析，特别是经过多年的改建、加建，已经变得很混乱了。最开始的时候，我们选这块地的3个人都好头痛，因为这里像一个迷宫，完全不知道从何下手。后来忘了是从哪里得来的灵感（好像是来自老师的建议），就试图分析竹筒屋如何从它最开始的状态变成现在的一个混乱的结果，通过"最原始＋民国扩建马路变骑楼＋产权变小（封闭天井、加分隔）＋后来功能改变"等几个阶段分析，终于基本理清楚他们之间的关系了。这对我们后来设计时该保留什么、拆什么、哪些地方可以大手笔一点，都有至关重要的作用。

　　第二个是流线的确立，就是总平面的布置。我的新八和会馆主要是给3个人群使用，八和堂的人员、粤剧爱好者和广大观众，如何使这3条流线各自独立又有联系，最后是通过建筑的不同界面来组织的：面向安静的恩宁路的骑楼立面是8个堂的独立入口；面向小区空地的是粤剧爱好者的入口，适合组织小量人流；面向恩宁涌的空地具有更好的公共性，所以设为公众入口（感觉真的是时时离不开对场地的分析啊）。还有一个界面，就是竹筒屋的屋顶界面。鉴于竹筒屋的屋顶连续性强的特点，与我的粤剧"KTV"的概念相契合，所以把屋顶界面划分给粤剧爱好者使用，并希望通过公众入口的大楼梯，加强这个"粤剧KTV"与公众的互动性。

　　第三个是如何从八堂过渡到公众的关系处理。我在这里纠结了很久啊，这个地方设计了好多次，都被老师以过于生硬、设计中缺乏重点空间等问题驳回。最后，我是模拟了八堂登场演出的过程，再把这个过程拆解融入空间里。比如，角色相近的堂（如同为旦角）放在相邻的竹筒屋里，通过后面的隔墙的打通，共用一些议会室、排练厅、化妆室，最后一起到达后台，通过"虎度门"进入舞台，是一种"8"变"4"再变"1"的过程。至于这个过程，没有直接衔接在一起，而是利用竹筒屋原来的天井，把"8"跟"4"隔开，"4"跟"1"隔开，这种过渡似乎更加自然、清晰，让这个紧张的登台准备过程没有那么"咄咄逼人"。

最后成果制作的过程，其实是很紧张的。一边制作的过程，其实也是在一边设计和深化方案，尤其是直到最后一个月，我还在纠结设计中的几个逻辑关系。由于时间不足，我只能用制作大板的思路来制作文本了。我认为制作大板的思路是，每张大板都要有一张很出彩而且能凸显你方案特点的图来"镇场"。所以，我毫不犹豫地直奔几张能凸显我方案特点及逻辑的大图去了，大部分时间都花在了八和堂的横剖面、从八和到公众的轴测分析和屋顶"KTV"轴测上了。其他图没有很仔细考究图面表达，都是利用了之前的模型照片和草图等，保持主要的逻辑关系正确即可。

关于模型，其实完全没有挣扎过要不要做，因为时间不够，所以直奔重要的图去了。而且，我一直觉得，我已经是一个不太会用模型来思考方案的人了（这是我的不足，但是一直没有决心改），所以，在最后方案表达的时候，每次都是首先放弃模型表达。

点评：陈倩仪挑选了邻近现八和会馆的8间骑楼建筑作为基地，对其进行改造。设计成果中只有很简单的效果图和工作模型，但是这不妨碍她的方案受到广泛的好评，包括获得了环艺学年奖的金奖，其原因在于她思考的深度、设计的完成度和对不同空间氛围的把握。

方案以粤剧传统的八堂制为基础，给8个堂各自赋予了明确的内容，并从临街部分的各自独立逐渐演变为水边的完全融合与公共化；将骑楼的屋顶设计为供私伙局使用的自娱空间，也十分契合西关的现实。粤剧研究者程美宝教授对方案给出了中肯的评价和建议，从粤剧演出制的变迁为设计提供了另一种视角。几乎每位老师一开始都会问陈倩仪：为什么没有做模型？但在认真阅读她的设计之后，都会忘记关于模型的问题（图4）。

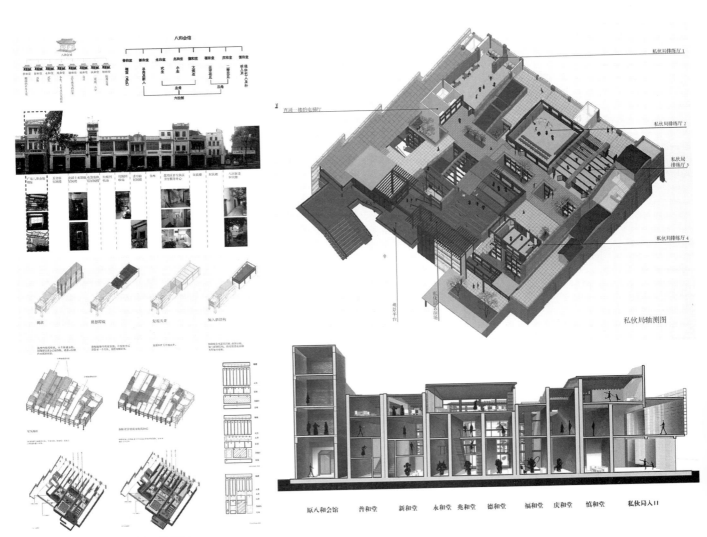

**图4 新八和会馆设计（设计者：陈倩仪）**

08级　彭颖睿（现华南理工大学建筑学院硕士研究生）

"新八和会馆"的题目是老师定下来的。我们组考察现场回来上课时选了场地。当时8个同学差不多都集中在3个地方：A是恩宁路的骑楼街一带至恩宁涌；B是在恩宁涌开挖的水口处；C在恩宁涌拐弯处，北临宝庆大押，南边包括了文物保护单位泰华楼，场地中间还有3条东西向的巷道穿过。其实选址也有偶然性，我当时去苏杭玩了几天，回来大家都选好场地了，只有场地C才一个同学选，而且C场地上其实限制要素特别多，需要考虑好和3条巷道、文物以及河涌的关系，想想蛮有意思的就选了。

"虎度门"，指粤剧里演员出场的台口。跨过虎度门，意味着全身心交予戏中。看了一部讲粤剧的电影，觉得"虎度门"将会是一个有意思的空间、角色、心理发生转换的地方，就想以此为切入点开始方案。

我关注于新老八和会馆，以及水、戏、生活三者在传统西关地区发挥的作用。以地块北边的宝庆大押作为公众的入口，以南边的泰华楼作为票友和演职人员的入口，不同的人流最终在地块中央的传统明字屋发生联系、交汇与转换——改造后的明字屋作为演出中心，面向恩宁涌处设计的红船码头，是公众游客在观戏；沿着巷子走到戏剧广场，是私伙局票友在投入地听戏。

方案发展过程中的重要时刻，一是把剧场定在场地中选择保留的明字屋，改造明字屋成为面向两个方向的舞台；二是快到修草阶段决定把面向明字屋的部分河涌开挖，设计了红船码头，因为历史上的粤剧就是在水上表演，在方案中试图重现"梨园歌舞赛繁华，一带红船泊晚沙"。

"虎度门"不仅在戏台上以"出将"、"入相"出现，也暗含在南北两边园林的行进之中，时而失焦、时而聚焦中体会身份的转化；在巷子、广场和河涌边时而狭窄、时而开阔的空间之中，演绎了现实与戏剧之间的交替。

点评：彭颖睿选择了恩宁涌边的一块三角地作为设计基地，结合场地上泰华楼和一座两层的明字屋展开设计。方案以"虎度门"为主题，强调空间转换和场景切换的戏剧性，而以序列视景的方式呈现的剪影漫画也生动地诠释了对传统的街巷肌理和滨水公共空间的理解（图5）。

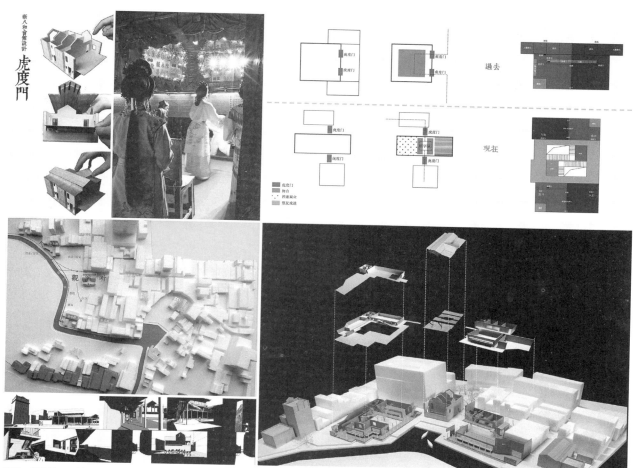

图5　虎度门——新八和会馆设计（设计者：彭颖睿）

**09级 朱彬**（现哈佛大学设计研究生院硕士研究生）

如何阅读设计要求？带着要求去场地，从场地挖掘出来的信息去解读要求。于是提出问题：要设计一个世界自然遗产体验营地，那么，谁是体验者，谁是提供体验的人，谁受益？

为什么选择这块地？最关键的是我注意到丹霞山世界自然遗产里一个特殊的人群——小学生。调研后发现丹霞山片区小学教学楼普遍质量偏低，于是萌生做一个可以当作世界自然遗产体验营地的小学，一举两得。

在实地调研发现中发现了夏富村，一个风景优美、保存良好的古村，在丹霞山的规划中处于中心地带，而且现状有一个教学软件、硬件皆不佳的夏富小学。如果体验营地可以吸引外来人员提供资金、提供师资，而在校人员以及村民提供住宿、提供体验，然后再相互地影响和作用，我设想的模式是可以达到双赢的结果。

丹霞山作为世界自然遗产体验营地，"自然"是一个不容忽视的要素。如何在设计中融入自然景观？我的策略是将建筑沿着群山的方向展开，通过景观通道将群山尤其是童子拜观音这个丹霞山的重要景观纳入建筑景框之中，让夏富小学体验营地的人在院落中也能感受到山的存在。如何将设计融入自然（村落）？我选择让建筑大体量顺应村落的生长方向发展，同时加入跳动元素，如小学生的活力、村落的有机形态等。材料是体现在地性和场所精神的一个重要方式，而且为了让小学生更易识别，同时更多地展示乡土建造的丰富可能，我采用了多种材料。结构体系的选择上，考虑了乡土建造方式与现代技术及施工周期的结合。当然，方案设计还包括小学和体验营地的使用机制：小学既是小学师生的，也是村民的，也是体验者的。

设计表达方式可以有很多种，所以要找到适合自己方案的表达。手图？模型？渲染？线稿？我的毕业设计表达不是很成功。如果有如果，我想我会试着用同一种方式，然后不停地修改。毕业设计最后一周我在不断地思考我最重要的概念是什么，而如果能够提前到设计过程一直想，并且每次都有自己方案的线稿生成分析，这或许能让最终陈述的时候更有重点。

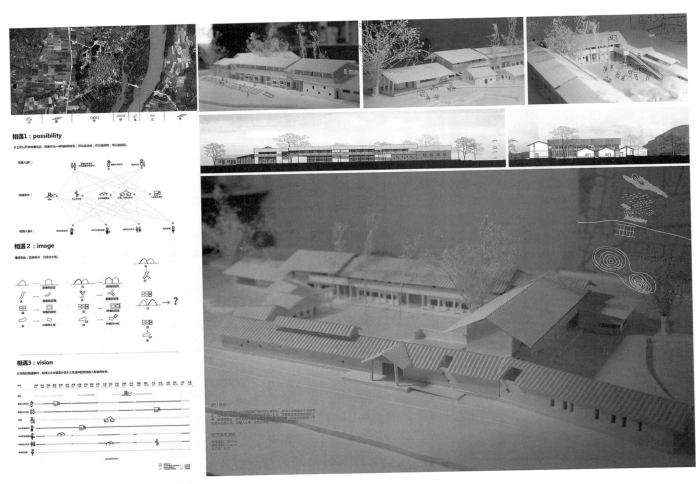

**图6 丹霞山体验营地设计**（设计者：朱彬）

China Architectural Education
2015/09　**68**

现在觉得毕业设计的时间很充裕，虽然最后还是通宵熬夜，但之前要多做手工模型推敲。尤其毕业设计尺度不大，更适宜做手工模型推敲；同时享受动手的乐趣，做模型的刀工不会白练，烹饪切菜上就会体现啦。

相信自己的场地体验，通过自己的感官做一个敏感的设计。庆幸自己可以用自在的节奏做自己想做的设计。

点评：朱彬在自然遗产地中没有仅仅将关注力主要投给风景，而是关注了丹霞山的小学生。通过媒体的报道，发现夏富小学是包括港、澳在内的外界捐赠和交流活动的主要对象后，她决定在建筑结构现状不佳的夏富小学现址设计一个可在假期与访问者共同使用的体验营地，强调对山地生活、乡土建造的体验而不是风景体验。方案致力于让来自本地和其他城市的小学生相互体验到对方的生活世界和精神世界，最终用一组不同比例的模型展示了结合乡土建造与现代技术的尝试（图6）。

（内嵌文字：车佩平、江嘉玮、张异响、陈倩仪、彭颖睿、朱彬，感谢以上几位同学。）

**注释：**

[1] 黄君武口述．梁元芳整理．八和会馆馆史 [A]．广州文史资料（三十五辑）[C].2008.
[2] http://whc.unesco.org/en/list/1335.
[3] 倪梁康．胡塞尔现象学概念通释 [M]．北京：生活·读书·新知三联书店，2007：216.
[4] 余慧元．Horizon 的扩展：西方现象学进展的一种维度 [J]．学术月刊，2005 (11)：28.
[5] 刘东洋．基地啊基地，你想变成什么？[J]．新建筑，2009 (4)：4.
[6] 冯江．一处浅丘基地的记忆 [J]．新建筑，2009 (4)：38.

**参考文献：**

[1] 黄君武口述．梁元芳整理．八和会馆馆史 [A]．广州文史资料（三十五辑）[C].2008.
[2] 余慧元．Horizon 的扩展：西方现象学进展的一种维度 [J]．学术月刊，2005 (11)．
[3] 倪梁康 胡塞尔现象学概念通释 [M]．北京：生活·读书·新知三联书店，2007.
[4] 刘东洋．基地啊基地，你想变成什么？[J]．新建筑，2009 (4)．
[5] 冯江．一处浅丘基地的记忆 [J]．新建筑，2009 (4)．

作者：冯江，华南理工大学建筑学院 副教授

# 设计的棱镜

## ——中英建筑学生工作坊思考

蒙小英　夏海山

Design as Prism: Reflecting on
British-Chinese Architecture
Students' Workshop

■摘要：当下国内外高等院校都在着力推进国际化的教学交流与合作，这对合作的双方既是促进与交融的双赢，也是一面审视自身与彼此的镜子。2013 年 4 月，北京交通大学建筑与艺术学院受邀参加了为期两周的中英建筑学生工作坊活动。跨文化的合作设计就如多面的棱镜，从沟通、合作到设计表达，每一个进程都存在参与者间的交流，以及参与者和设计表达间的碰撞，每一个碰撞都折射出对合作设计的思考。文中介绍了交大工作坊活动的组织与设计成果，并根据参与者的体会与感受，对合作设计中折射出的设计团队的协作与效率、设计的基本价值观、设计的共识以及设计教学对建筑师能力的培养等方面进行了思辨。

■关键词：设计合作　协作效率　设计价值观　自主学习　公民的培养

Abstract：International teaching collaboration among different universities is currently spreading around the world, and sides of the collaboration will be benefit from others. It is important that collaboration process is regarded as a mirror to reflect oneself and others. School of architecture and design, Beijing jiaotong university (BJTU), has been invited to join the British—Chinese Architecture Students' Workshop lasting two weeks in April 2013. The cross—cultural design collaboration seems as a prism, which reflects more thinking on the discussion and exchange among the participants or during design process. This article introduces the efficient organization of BJTU's workshop and his team's proposal. Then it is discussed including team efficient working, design values, design commons and the aims of architectural education according to the authors' experience.

Key words：Design Collaboration；Efficient Working；Design Values；Self—Learning；Civil Educating

　　建筑师在职业工作中的龙头作用，使得建筑设计教学历来关注学生的设计合作与协作能力的培养。合作设计是促进设计和教学交流最有效的实操方式，它不仅锻炼合作成员间的合作与协作能力，更是一面审视自身与彼此的镜子。合作过程还是一个多面的棱镜，折射出参与者的文化习惯、思维定式、设计能力、设计价值观与建筑教育的差异。合作设计的镜子效应，于参与者的自问、自省、视野拓展和自我设计能力提升与教学思辨有裨益。

## 1.工作坊项目背景与目标

为促进中英文化交流和建筑教育的合作，2013年4月14～28日，英国驻华使馆文化教育处和中国建筑学会联合主办了中英建筑学生工作坊活动。本次工作坊主题是"北京首钢厂区再生概念设计"。选取首钢厂区北部约2.8km²的地块作为研究范围，进行为期两周的合作设计。中英双方共有10所院校参与到此次交流活动中，其中有6所北京地区通过建筑学专业评估的学校和来访的4所英国大学。它们分别是北京交通大学建筑与艺术学院、清华大学建筑学院、北京建筑工程学院建筑与城市规划学院、北京工业大学建筑与城市规划学院、北方工业大学建筑工程学院、中央美术学院建筑学院、英国皇家艺术学院 (Royal College of Art)、肯特大学 (University of Kent)、卡迪夫大学 (Cardiff University) 和牛津布鲁克斯大学 (Oxford Brookes University)。上述10所院校各派出1名指导教师，3～4名学生。10所院校的背景不同，有综合大学、专业院校、美术院校，参加的学生有本科生、研究生和博士生。

中英建筑学生工作坊活动1998年曾举行过一次，当时主题是"2050年白塔寺街区更新改造的概念性设计"。两次工作坊的基地选定颇为相似，都是有着深刻文化内涵与背景的区域，主题也都是回应当时基地面对的问题。与15年前的活动相比，本次活动更加突出沟通、交流、学习和活动的实效性，从参与学生人数的限定、学生的层次、不同背景的高校、活动组织的完善性上，各环节间的紧密性和活动内容的多元性上，都有很大的突破，实现了主办单位旨在通过对工作坊成员之间的积极参与、交流与合作的极大鼓励，尽可能地为中英未来各院校间的合作搭建平台的初衷。

本次工作坊小组的人员构成上，着力体现了主办方本着10所参加活动的各院校之间尽可能多的交流的原则，将各校学生全部打散，重组成5～6人的设计小组，共6组，每组1～2名中英指导教师，分别入驻6所中方校校，开展设计工作。这些来自不同文化与院校背景、有不同思维与工作方式的师生组成的小组，在两周的合作概念设计中，会有怎样的碰撞和成果？正如主办方对交流与沟通的强调，设计成果本身不是目标，而是在这个过程，参与者如何在各种碰撞中相互沟通、相互了解彼此的设计与文化，推进设计进程，达成设计的共识，按时完成设计任务。为进一步推进中英院校间的合作可能，主办方还结合工作坊主题，组织了中英高校棕地再生研讨会和中英双方教师的两次公开讲座，以及工作坊的中期评图等。

工作坊设计任务书由清华大学拟定，内容包括两部分（图1）：一是2.8km²地块的概念性规划，要求是遵循首钢工业遗产公园的规划定位，提出整个地块的功能策划，然后根据整体功能策划，完成整个地块的整体概念设计；二是小地块的细部概念设计。任务书将2.8km²规划范围分成6个小地块，每组再分别根据抽签所选定的一个小地块进行细部概念设计。最终以展览和汇报方式展示各组设计成果并评奖。

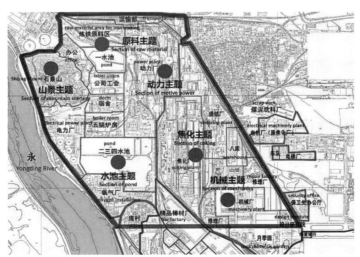

**图1　规划用地范围与6个主题地块范围**

## 2．交大工作坊组织与特点

交大工作坊团队由2名指导教师和5名学生组成。工作坊活动中，主办单位策划了一系列的学术活动，如棕地再生研讨会、案例参观、英国教师的公开演讲等，分配给参加工作坊的6所中国学校承办。学院对工作坊活动非常重视，专门成立了工作坊工作小组（图2）。在工作坊开幕前，工作小组行了预热工作组织，制定了详细的工作计划，分项指定专人负责我院承办的活动：工作坊中期汇报、工作坊联谊会、公开演讲及英方人员的食宿安排和接送机。本次工作坊活动安排穿插了研讨会、公开演讲、联谊会和中期汇报，这些活动使得沟通与交流的机会增多，但令设计的工作时间减少了不少。为确保设计的进程，在英方指导教师到达的当天下午，中英双方指导教师即见面沟通，根据工作坊日程安排的大框架，细化了工作坊的工作计划，包括每天的工作进程、指导教师与小组成员讨论的内容与时间安排。15日工作坊开幕仪式前，将工作计划发给交大小组的每一位成员。为进一步了解英国建筑，学院还特地邀请英方教师在学院内部开展专题交流活动，进行绿色建筑的主题讲座和师生交流（图3）。学院工作小组成员的任务除保障上述这些活动的有序组织和顺利开展外，也要为入驻我校的英方和外校的工作坊成员提供周到温馨的后勤服务。

## 3.交大工作坊成果

交大工作坊小组在地块抽签中抽到的是焦化主题地块，根据任务书要求，需完成一个总体概念性规划和焦化地块的深化设计。4月19日下午举行的中期汇报，因时间和工作状态原因，多数小组的成果是对基地的分析和补充调研的展示，对基地的解读和分析欠深入；设计主题不明确，创意不突出（图4）。通过这一阶段的汇报、点评、答疑和相互借鉴、学习，到成果汇报时，每个小组都出色地完成了任务。交大小组在中期之后的蜕变过程，令笔者很惊讶学生们的创造力和协作力。中期之后，小组成员充分挖掘主题的特色，并将主题的表达纯净化、突出化、系统化。小组工作的蜕变得益于组长——来自卡迪夫大学的马库斯——的领导，他有优秀的设计能力与组织能力。首先在与指导教师的交流中，明确了以"海藻清洁能源生产"为主题然后围绕主题从建筑与景观两个层面深化。依据此，小组成员按层的概念分工协作设计：旧建筑的改造、新建筑的布局、交通流线与游览组织、景观规划。正是从他身上和他对团队工作的经验，使笔者对英式的设计思维和表达有了一定体会。

一是分层叠加的草图（图5）。小组成员根据分工协作中的分工去整理自己部分的设计思路，然后在约定的评图时间里，每人在底图上边画边讲述自己的设计想法，且每个人是用不同颜色的笔画的，小组5位成员讲述完后，得到5张草图，然后将其叠加，就能清晰明了看到一份较为完整的设计。二是徒手图示语言表达的精准。组长马库斯的徒手草图功夫令人赞叹，小组最终成果中原有设施改造的用徒手线条表达的设计图就是他画的（图6）。三是避轻就重的图面表达。小组最终成果的图纸表达效果基本上是马库斯和来自英国皇家艺术学院的艾米两个人确定的，总平面图看上去很简单，省略了我们常规的绿地、乔木等表示，但海藻主题非常突出，图面构图和色彩都是佳作（图7）。

交大工作坊小组总体概念性规划以海藻清洁能源生产为主题，将先前高能耗的首钢工厂再生成一个生产清洁能源的新能源示范基地。规划选定能够榨油的水藻种类，经过一定生

**图2　交大工作坊成员与工作小组成员合影**

**图3　英方教师 Andrew Roberts 在学院内部开展专题交流活动的讲座**

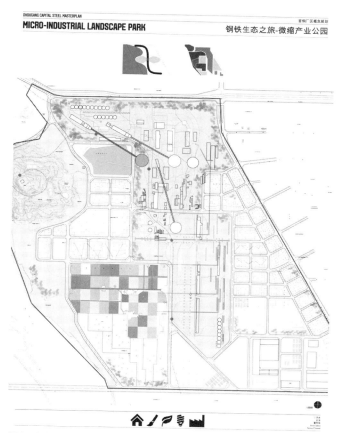

图4　交大小组中期成果

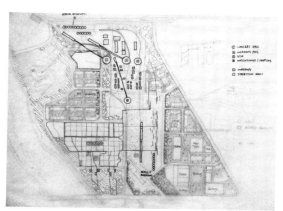

图5　交大小组评图：分层叠加的草图方式

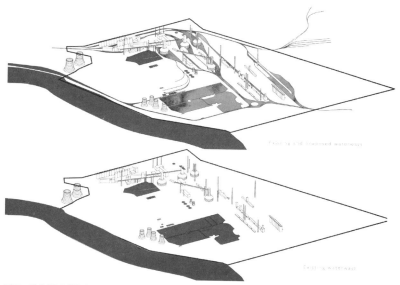

图7　总体概念性规划的表达

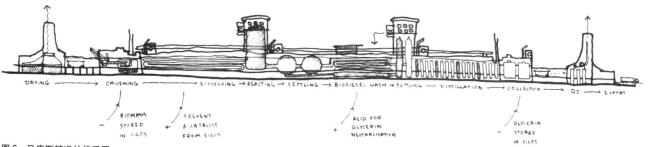

图6　马库斯精准的徒手画

产程序将其中的油分榨出来作为能源，余下的渣滓回收用于水藻生长的养料。由于水藻可以在短时间内大量繁殖，故其榨油、能源生产也会不间断，形成一个连续的良性循环。海藻能源可以用来发电，为整个首钢旧厂区提供照明和生产生活用电。规划布局中将核心区定位为能源生产和观光游览相结合的区域，沿厂区边缘规划为创业者生产生活区。用地南端入口处规划了一个下沉广场作为交通　集散地，与长安街沿线的城市地铁和区内观光交通工具接驳。钢铁厂对土壤的污染较重，方案考虑利用种植特定植物来吸收特定重金属污染物，改良土壤。规划方案将原有的凉水池扩大，作为水藻养殖；厂区原有的铁路运输系统，改造为水路运输系统，通过在高炉下加装涡轮推动水体流动，运输水藻；原有的钢铁生产各主要环节的设备则被改造为水藻加工生产线（图8，图9）。在该区的细部概念设计（图10）中，小组成员

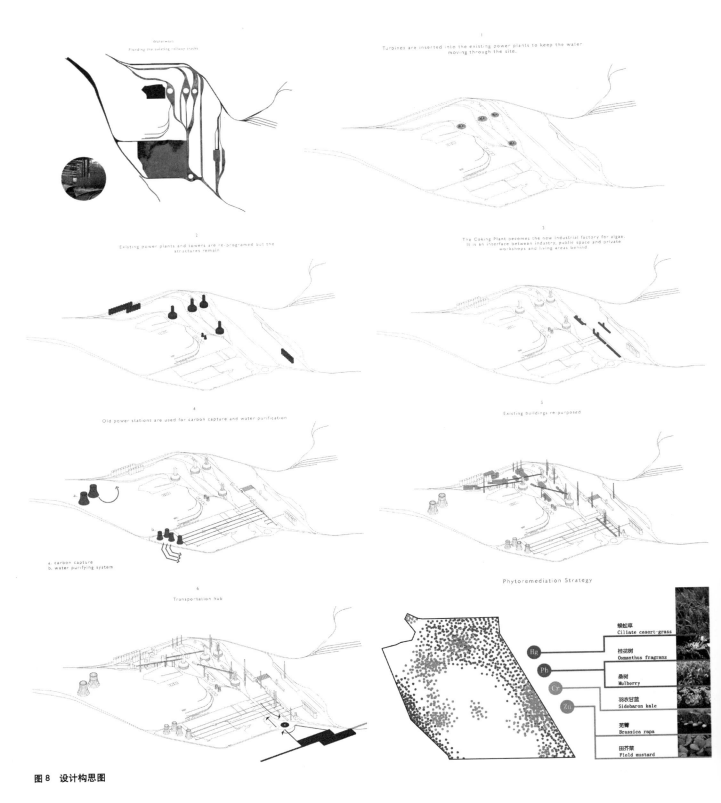

**图8　设计构思图**

图 9　总体概念性规划设计成果

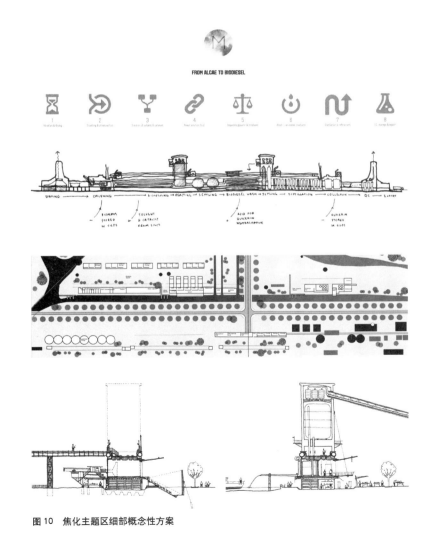

图 10　焦化主题区细部概念性方案

将水藻油制备的 8 大步骤植入焦化炉的上层中，而近地面层则开发作为小商铺、咖啡厅、酒吧等功能，与东南侧的创业者生产生活区建立一种功能上的联系。小组的设计成果脱颖而出，获得了最佳构思奖。

### 4.工作坊的思考：设计的博弈

合作设计不仅历练成员的团队精神，考量成员的设计效率，也能透过成员窥见各学校设计教学的异同，促进争鸣、交流与融合。两周的中英工作坊，实际上每个小组的设计工作时间加起来只有 7 天。尽管时间短暂，但合作中设计方式、设计观点和设计表达等方方面面都经历了跨文化背景下不同观点的碰撞、交流与融合。即使同一小组中 3 个来自北京不同高校的学生，也都感受到了各自教学体系的千秋与差异。正如达·芬奇认为，"合作作画比单独作画要好"[1]，无论自己在合作中属于差等的还是优秀的，他认为合作可以从不同层面激励、启发、鞭策自己前进。笔者通过自身的体会以及与参加工作坊的 3 名交大学生的交流，对工作坊活动[2]有如下的点滴思考，在此与同仁交流。

（1）设计的团队：协作与效率

小组成员间的配合，直接决定了团队的效率。团队成员在遇到分歧时如何达成共识，是影响效率的关键因素。从中期阶段和最终成果汇报的成效来看，交大团队的工作都进行得较为顺利。一是在小组开始工作之前，根据工作坊日程安排的大框架，指导教师经商讨后制定了较为详细的工作计划指导小组的工作进程。二是小组组长的作用。从一开始，来自卡库夫大学的马库斯就非常活跃和富有设计想法，加上他与英方的指导教师来自同一学校，他很快成了大家默认的小组负责人，组织、分配其他组员设计工作，并协调分歧，使得团队工作具有效率并进展顺利，避免了有些团队意见难统一、争执不下而影响设计进程或不得不让指导教师出面协调的窘境。三是指导教师的互补性。从工作坊项目涉及的学科出发，交大派出的指导教师是具有建筑和景观教育的双重背景，这样能与其他建筑老师形成一定的互补性，也能给学生更为全面的指导。团队中两位指导教师较为明确的分工（一个侧重建筑部分，另一个侧重景观部分），极大丰富和促进了团队成员对项目的认知和设计视野的拓展。

（2）设计的共识：设计的原点和基本价值观

合作设计中，成员们对共识的达成是设计顺利开展和设计深入的保障。对于设计的共识，体现在对一些基本问题的认识上，如设计如何开始，设计如何进行，设计的目的与标准是什么？工作坊中有博士生参加的小组，在设计开始时谈对基地认知的层面和角度，比那些只有本科生或研究生成员的小组的认识更富有设计逻辑和城市的高度。英方学生在对场地的分析、对基地的尊重、设计为社会服务、设计关注和解决社会问题等方面有高度的一致性，尽管他们不大了解中国，但他们都试图以设计的本质来关心当下中国的社会问题，如蚁族的居所、清洁能源问题。英方不同学校学生在设计原点和基本价值观方面所持的共识性，令中方学生颇为感慨和质疑我们建筑教育的基准和共识性的问题，这也促使我们思考自身建筑教育的责任：我们是否明确地教给了学生们设计的原点是什么？设计的基本价值观是什么？我们是否是在培养他们成为有社会责任感、受社会欢迎和尊重的建筑师？是否让他们在自我和各学校教学的个性之余对设计拥有一个基本的共识？

（3）设计的求解：基于相互尊重的研究性学习

设计过程就是一个求解的过程和优化求解答案的过程，所有设计教学都会围绕这个过程进行教和学的事实是毋庸置疑的。参加工作坊的我校学生，能明显感受到英国学生对寻找解决问题方式和方法、图示语言表达的手绘能力都比较出色，尤其是资料检索能力。这种能力能够引导他们去找到问题求解的方法并求解出具有原创性的答案。其次，中国学生能明显感受到英方指导教师"零否决"的指引作用，以导师的身份宽容学生的各种天马行空，并通过指引使其天马行空的想法逐渐趋于合理的存在。作为指导教师，笔者也能够充分感受到英国指导教师在设计过程中的引导者身份。英国师生间的设计求解过程的表现实际上是我们教学中近年一直在提倡的让学生研究性学习。可能在我们的研究性学习中，教师的引导者角色还没有完全实现，以至于不少学生还是觉得我们教师的否决性较高，很多时候不敢有天马行空的想法。这种禁锢折射出的是教师的权威性和决策性。学生尊重老师，老师抑或也应尊重学生，老师不是某种权威或决策者，老师是引路人，是传道、授业、解惑的益友。或许抛开权威、建立平等意识，会促进和更有益于我们的学生探索求解的多种途径，和求解出具有原创性的答案。

## 5．设计教学的博弈：培养建筑师VS培训建筑师

当下，国内外高等院校都在着力推进教学的国际化交流与合作，这既是一种促进、交融，也是一面审视和折射自身的镜子。镜子中，学生与指导教师的表现实际上综合地反映出各校教学的导向、建筑教育的价值观。例如中国学生思考问题的维度不够丰富，对总体把握有一定欠缺，对解决问题的跨学科的维度和知识都较为缺乏，而在一些具体点或部分的操作上则是很优秀的，英国学生似乎恰好相反，显得他们在大的原则、方向和总体上的把控方面更准确、更好。

图示语言是设计的职业语言。工作坊中，即使英语非常优秀的学生也难免不存在沟通交流的瓶颈。不过设计可以通过无声的图示语言来正确地、逻辑地、自由地表达设计构思和思路，这是跨文化合作中既专业又职业的简明交流方式，对于中国学生表现出一定的弱势。

回溯工作坊中组内、组外出现的一些现象和一些学生的体会，触动了笔者对设计教学的反思。大家都知道，高等建筑教育是培养建筑师，不是培训。从认识和思想层面，也几乎没有人会混淆"培训"与"培养"的概念和目标。"培训"是获得某种技能，"培养"是获得某种能力和精神。或许"培养"中缺乏或欠缺某种精神，使得实际教学中能力的"培养"看起来更多的还是技能，而不是学生能够自如地去找到解决问题的途径、方法，最后能够原创性地解决问题，这是关键。可能当下以"培养"为旗帜实现的却是"培训"的目标，也难免有人认为即使大陆名牌大学，都像是职业学校或技术学院[3]。

学生们反映，英国学生很注重知识产权，不轻易直接使用网上的图片。还说英国学生的设计与玩乐两不误，既有昼间高效的工作时间，也有晚间尽情地疯狂与娱乐消遣。中国学生一边羡慕他们真实的生活情趣，一边又以自己已经惯于没有娱乐消遣和放松为自我安慰。诸如此类的一些体会，令他们感触，也让我们思考建筑教育的责任与精神。培养建筑师，不仅是专业知识的求解，亦有职业精神的求解，更是一个公民的求解。

交大工作坊成员：学生：Aimee Salata（皇家艺术学院），Richard Marcus O'Connell（卡迪夫大学），董竞瑶（北京交大），吕冰（北京工大）和卜天舟（北方工大）

指导教师：Andrew Roberts（卡迪夫大学），蒙小英（北京交大）

致谢北京交通大学参加工作坊的08级同学田一、董竞瑶和邓石帆所分享的个人体会，清晰了本文撰写的思路！

**注释：**

[1] （意）达·芬奇．达芬奇笔记 [M]．杜莉编译．北京：金城出版社，2011：25．
[2] 主要指对交大工作坊的现象的思考。
[3] 引自网络文章"一个台湾人看上海交大"，作者不详，出处不详。

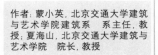
作者：蒙小英，北京交通大学建筑与艺术学院建筑系　系主任，教授；夏海山，北京交通大学建筑与艺术学院　院长，教授

# 让历史空间重获活力的尝试

## ——记天津大学&诺丁汉大学城市设计+建筑设计课程交流

许熙巍　夏青　蒂姆·希思（Tim Heath）

Regeneration and Vitality Regain in Historic
Spaces: Urban Design + Architecture Design
Joint Studio Between Tianjin University
(China) and University of Nottingham(UK)

■摘要：本文通过对天津大学建筑学院和英国诺丁汉大学建筑与环境学院进行毕业设计联合教学全过程的记述，总结英国学生学习过程和设计作品中反映出的可借鉴之处。文章叙述了中、英两国16名学生（分四组）以"近代天津历史博物馆设计及周边城市设计"为题，进行旨在探索如何对历史建筑"近代天津历史博物馆"实现"非橱窗式保护"的建筑设计和城市设计，并通过建筑改建和外部空间改造策略，挽救历史街区经济和生活衰败的命运，力求复兴街区生命力。经过3个多月的工作，学生们提交了各具特点的作品，它们将现状和未来的使用者作为主角，通过改造或加建将新老建筑融为一体，并创建一系列公共活动场所，或为满足人的需求，或为提高人与城市之间的连接。中国学生也在现场调研、策略分析、设计过程、成果展示等环节的共同工作中，领受到英国学生在分析思路、设计内容及团队协作等方面的优点，并学习借鉴之。

■关键词：建筑和城市设计　毕业设计联合教学　历史空间　活力复兴

Abstract：According the records of the joint design studio for graduation between the School of Architecture，Tianjin University and the ．Department of Architecture and Built Environment，University of Nottingham，this paper summarizes the experience and enlightenment reflected by the British students' learning process and final outcomes．16 students from both China and the UK were divided into 4 groups，they were asked to work on the regeneration of the "Tianjin Modern History Museum" and the urban design of its surrounding area．The supervisors intended to guide them in a "non-show case" way ，to revitalize the historic area and to stop the economic and daily life's decline through strategies of rebuilding and reconstruction of building external spaces．After more than 3 months，the students presented their final outcomes in different formats．They focused on the demands of the local users in the present situation and in the future，united the old building and the new one through transformation or adding，created a series of public spaces for meeting users's needs or improving the poor connection between people and the city. The Chinese students also learned a lot of advantage on ideas analyzing, design context and team working from the British students' in the process of co-operation on the field investigation, strategy analysis, design process and presentations.

Key words: Architectural And Urban Design; Joint Studio For Graduation; Historic Spaces; Vitality Regain

近年来，我国高校建筑学院开展的国际教学交流和合作日趋频繁，双方师生在交流的过程中增进了在设计教学方法、内容、特点等方面的了解。2010～2013年，天津大学与英国诺丁汉大学进行了3次设计课联合教学，这几次活动都是在短期设计工作坊基础上，将时间阶段扩展为一个学期，双方学生按正常的设计课进度、深度和要求完成同一个基地的城市设计和建筑设计作品，期末再将作品统一展出。笔者有幸参与了交流活动，并和诺丁汉大学的Tim Heath教授及天津大学的宋昆、夏青、徐苏斌等教授共同指导了中英同学的联合设计过程，获益颇多。本文以中国天津大学、英国诺丁汉大学首次联合毕业设计——近代天津历史博物馆设计及周边城市设计为例，记录在交流过程中两校师生的学习过程、成果和感受。

## 1．联合教学的缘起与目的

英国诺丁汉大学被英国High Fliers Research（英国专门研究大学毕业生就业市场的机构）评为"2013/14年度最受雇主青睐的学校"，其建筑与环境设计学院发展历程和教学重点与天津大学建筑学院较为相似，都有深厚的工科背景，并都以注重培养学生的设计实践能力闻名。两校建筑学院决定进行毕业设计联合指导之初，从双方建筑学和城市规划本科生五年级学生中选拔组成各自团队，题目确定为地处天津五大道历史风貌保护区内的近代天津与世界博物馆及其北侧一组民用建筑进行更新改造设计。

此次联合设计的教学目的就是带领学生思考和探索对历史建筑"非橱窗式"的保护，即如何在保护历史建筑、历史街区物质与人文环境前提下，让建筑和街区的功能和生命力得以更新和延续，复兴居民的居住和商业生活。

## 2．过程

### 2.1 基地概况与设计要求

近代天津与世界博物馆及北侧建筑群位于天津民园体育场以北，五大道历史街区保护利用示范区内，东临河北路，东南与庆王府遥遥相望（图1,图2），其创始人为作家航鹰女士。博物馆所在地块是天津市"五大道历史街区保护利用示范区"，其建筑本身也是由民国时（建于1920年代）建造的住宅改造而来（图3）。目前基地内建筑除保护建筑外，其余建筑均较为破败，空置率也较高（图4）。

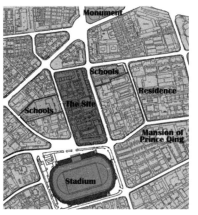

图1 基地区位图一　　　　　　　　　　　　图2 基地区位图二　　　　　　　图3 近代天津与世界博物馆现状

博物馆现有建筑规模难以容纳新增展品，故设定更新改造的任务是将原博物馆一侧进行扩建，博物馆功能调整为文化交流中心，可以利用原建筑结构体系进行改造、加建，也可将其作为加建建筑的影响因素对待。其北侧新建一个或一组综合建筑，包括小型旅馆、小酒店、小商店、画室、创意产业工作室等。拟定的任务书还要求设计必须同时重视历史建筑保护和历史地区活力复兴，要制定措施解决保护区内人口流失、经济价值衰退、文化特色流失等问题，还要保证对原住民、新移民和商业业主的利益均好。

### 2.2 集中调研与初步策略

中英双方的同学分成四组对基地进行了两天的详细调研，包括实地踏勘、与使用者座谈、走访历史文化遗产保护部门、问卷调查等，后又以组为单位进行了补调，经过5天时间的集中指导，形成现状调研报告及初步设计策略并集中点评（图5～图8）。四组学生在调研报告和设计策略中均体现出源于对历史街区过去、现在和未来生活的思考和憧憬，对文化传承和住民生活尤为关注。

各组学生在策略中放在首位的是关注原住民和新移民的生活方式过渡，并提升其生活品质，有的组同学还绘制了多个意向草图和模型，来探讨如何重构公共空间以拯救已经消失了的庭院和街道的公众生活（图9～图11），重塑历史街区的生活活力；其次是对历史文化传承的空间支撑，例如提出渐次更新和分阶段复兴的策略等；此外，还探讨了"根植于基地租界历史"这个天津近代典型文化特色的历史街区复兴的技术性问题，如交通、停车、建筑形式与符号等。

### 2.3 设计过程与成果

过程是设计成果密不可分的一部分。在3个多月的毕业设计过程中，沿袭集中调研阶段的策略方向，不断推敲、取舍和深化，最终形成各自的设计成果。

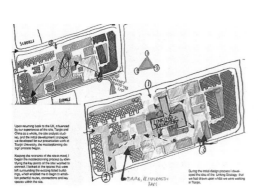

图4 基地现状图

图5 与馆长航鹰女士座谈

图6 实地踏勘

图7 小组讨论

图8 集中点评

图9 分析策略草图一

图10 分析策略模型

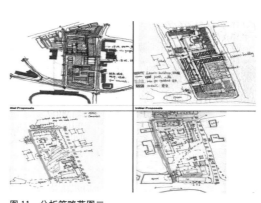

图11 分析策略草图二

天津大学城市规划的同学站在整个历史文化示范保护区的角度对交通、人口和产业分布、公共空间等进行分析（图12），具体提出保护更新"三步走"的空间建议，并按照分析结论安排沿街布置商业、内部布置居住的用地功能分布图，基于公共空间、街道界面的和最优原则安排公共活动的空间。整个作品从过程到成果经历了"调研—策略—分析—结论—意向—调整—反馈—成果"的一整套逻辑思维过程，最终提出城市设计意向稿（图13）和控制指标体系。建筑学专业的同学则在城市设计指标体系条件下进行新博物馆片区的建筑设计，两部分同学保持同步沟通，从城市空间到建筑空间，使物质层次的设计处处透露出对文化传承的精神层面的元素。第一组同学的方案强调对人的生活的尊重（图14）；第二组同学强调了新、老博物馆在空间上的衔接，但新博物馆的形象和内部空间又与老博物馆形成对比，用不同的侧面展现文化的融合和碰撞（图15）；第三组同学的新馆设计关注新生代的生活和诉求，为青壮年及其子女设置了丰富有趣的内部流动空间；第四组同学作品从体验角度强调人在历史街区内生活感受的变化，用管状廊道将商店、博物馆、书店、咖啡馆串接起来，力求商业价值和人文价值在人的生活中达到一种均衡。

英国诺丁汉大学参与的同学全部为建筑学专业，他们在创造的全过程中融入自己的城市设计策略思考（图16），并引导自己的建筑设计。第一组同学着眼于历史文化街区中对人们共性的包容和个性的彰显，通过树立沿街商业复兴街道生活，新博物馆立于街区视觉中心位置，钢和玻璃的外形个性张扬，内部分为4个功能区，不仅各自联系紧密，而且在功能区内部和衔接处的处理都考虑使用者身处其中的空间感受，设计让人感受到生活和文化的差异性和包容性（图17）。第二组同学在一组建筑之间设置了高高低低的走廊，在不同的文化展示空间中游走，让人在各种族文化中体验人们美妙的生活（图18）。第三组同学在对新博物馆建筑群形体空间组合和释放的多种可能的基础上，选定一组进行博物馆的建筑设计（图19，图20）。

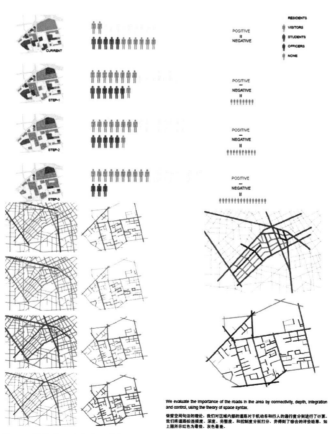

图12 使用人群分析［设计者:张璐（中方）］

图 13　城市设计意向 [ 设计者：郭嘉盛（中方）]

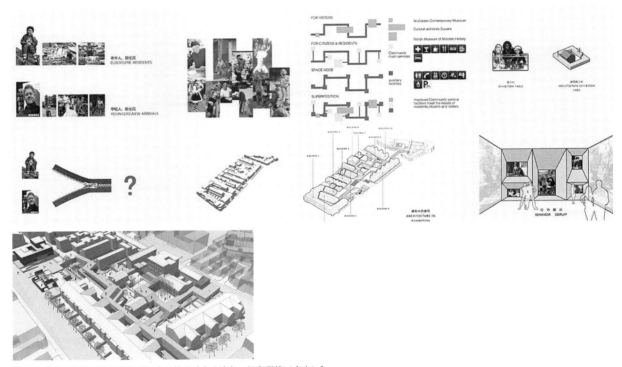

图 14　缝合、拉近原住民和新移民生活的设计 [ 设计者：赵鑫甜等（中方）]

图 15　融为一体的新、老博物馆建筑 [ 设计者：刘文斌等（中方）]

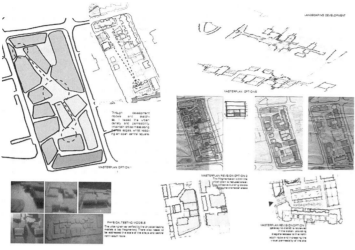

图 16　建筑的城市策略［设计者：KATHRYN（英方）］

图 17　街道生活复兴的策略［设计者：KATHRYN（英方）］

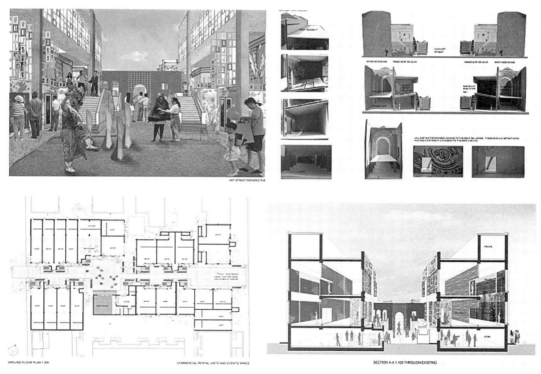

图 18　文化生活复兴的空间策略［设计者：SAIJAL（英方）］

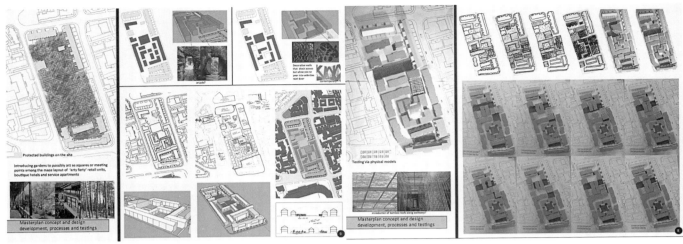

图 19　新图书馆和周围环境之间的融合考虑之一［设计者：RUZANNA（英方）］

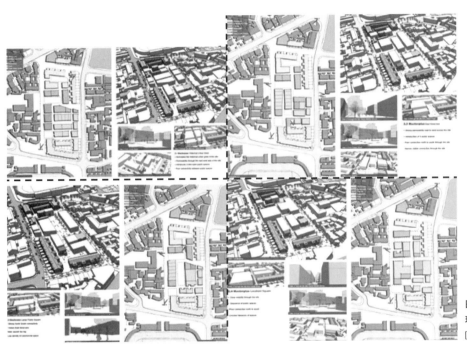

图 20　新图书馆和周围
环境之间的融合考虑之二
［设计者：SIMON（英方）］

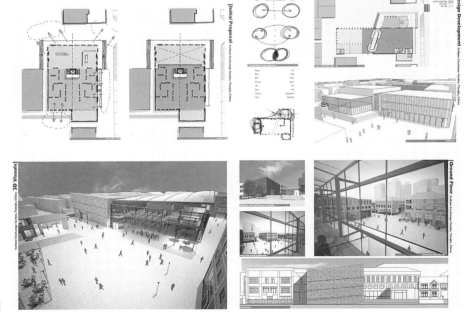

图 21　博物馆加建方案
［设计者：SIMON（英方）］

Physical Model - Masterplan and Surrounding Cityscape
original scale 1:500

Physical Model - Second Floor and Roof Plans
original scale of model 1:100

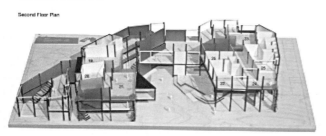

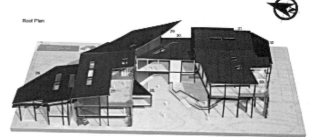

图22　博物馆加建方案 [ 设计者：LAUREN（英方）]

新博物馆设计成由两个 U 形交通空间链接的两个独立部分，象征着过去和未来、中与西等多因素的统一。设计还借鉴了密斯展览空间"少就是多"的手法，结构和围护分开，自由排布的平面隔断穿插其内（图 21），让建筑内的三维空间以及建筑内外的空间融合一体。

第四组同学设计的主题是"生活的革命"。方案紧扣基地内生活力复兴主题，将加建的博物馆打造为集文化中心、精品零售商店、餐饮、办公等功能为一体的综合体建筑，以期这里对游客及当地居民而言会成为一个有吸引力和影响力的场所。博物馆西侧安静的马路被设计成步行区；在基地西南部设置小广场，使基地和民园体育场之间通过开放空间连为整体，鼓励了更大片区的步行活动，也将博物馆场地纳入五大道行人游览路线的一部分，使这里成为一个更安全而又富有活力的地方，这条街也可以为附近学校的孩子们提供一个更安全的步行场所，并吸引他们穿行和体验生活和文化（图 22）。新博物馆体型较小，随着环境伸展，本身并不突出，但却是与周围完美融合，成为环境必不可少的一部分，将文化和生活交织在一起。

## 3. 感受和启示

在近半年"集中 + 独立"的共同工作中，中、英同学和老师都感触颇多。在教学引导的内容上，双方有很多共同点，例如注重前期调研、重视历史文化传承、强调设计策略要源于人的生活等。但学生成果也体现出一些具体教学方式效果的差异，我们总结出以下值得吸收的优点。

第一，英方学生注重调研、沟通和分享，以及在调研和策略形成中的团队协作。例如走访环节，英国学生带领中国学生不错过每户接受访问居民，详细听取他们对居住在基地内的生活感受和意见，还亲自在基地里生活了一天，实际感受哪些方面较舒适，哪些方面较不方便。他们还对现有小公共空间的使用频率、存在问题等运用统计方法进行图表归纳；小组成员对调研成果和设计构思的讨论与相互沟通亦非常重视，每天把讨论结果总结成 PPT 文档，在绘制现状和分析图时是打破分组限制，全体人员安排分工，绘制好的成果由各组共享。这让中国学生感慨以前自己画图、图纸不分享，效率和协作度都太低；这也有助于培养分阶段进行成果总结、相互讨论、打开思路等良好习惯。

第二，中、英双方同学的分析和思路都具有较强的逻辑性，但中国学生和老师熟练于自上而下的思维发展方法，英国同学则更突显自下而上的方法，从强调使用者生活感受出发，设计中流露着设计师对生活体验的尊重，也显示出学生将未来能带给居住者和外来移民更好的体验和生活作为自己努力的方向。

第三，英国小伙伴们重视模型和动手能力。中国学生比较喜欢在纸上或电脑里推敲想法，而英方同学却能迅速地投入各种阶段模型的比较研究中，设计思路形成阶段做工作模型，设计成果完成时制作成果模型，且模型本身都比较直观，明晰地表达了设计意图。尤其让中国学生深有感触的是，工作模型是早期概念形成期进行推敲研究的一种非常有效的手段。

第四，英国学生对建筑设计细节的严谨，使他们有将构想变为现实的实力。最初的设计策略阶段，英方同学的方案并不显得比中国学生的更成熟完善，但在成果展示时，英国学生的方案无论从材料选择、结构安全、节点构造、施工工艺等方面均作了相应安排，设计不只停留在对空间实现的想法，而是立足于对整个建筑如何实现得完整而成熟。

设计的语言是跨越了国界和语种的、所有学习和从事建筑设计者共同的语言。这次联合毕业设计教学拓展了中、英双方的视野，不仅让英国师生感受到中国历史文化和风土人情，也有助于双方打开教学视野，将建筑和城市设计教学的内容和模式转向更加综合、开放，更加注重人文精神和生活实践紧密结合的教学模式。参与过课程交流的中国学生有些留在天津大学攻读硕士学位，他们在接下来的学习中提高了合作分享度，更注意调研，不再强调"我想设计成什么"，而更多是"这样可以为使用者做到什么"，从设计策略开始就制作工作模型。这样的沟通让我们看到了不一样的自己和不一样的别人，希望能够在不断地相互吸收的过程中，让学生的建筑设计能力、思维能力、创造能力和适应能力达到更高的高度，使学生具有更宽的眼界和胸怀，培养出良好的专业素养和习惯，更好地发挥建筑设计者对改善人类生活的积极作用。

作者：许熙巍，天津大学建筑学院 讲师；夏青，天津大学建筑学院 教授；蒂姆·希思 (Tim Heath)，英国诺丁汉大学建筑与环境学院 教授

顾大庆　余　亮　章　瑾　杨　威　邓蜀阳　阎　波　刘　强　曹　勇

魏皓严　田润稼　干云妮　张姗姗　薛名辉　刑泽坤　张　嵩　袁　涛

 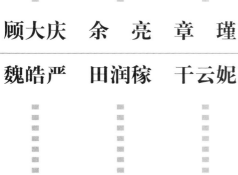     

# 小议建筑设计教学中建造课题的几个属性

顾大庆（香港中文大学建筑学院，教授）

　　3 年前我在《新建筑》杂志上曾经发表过一篇名为《绘图、制作、搭建和建构》的短文，以个人教学经历为线索，试着将我国过去 30 年设计基础教学中的建造课题的发展作一个梳理。文章重点讲述 3 个转变，即从绘图到制作的转变，从制作到搭建的转变，以及从搭建到建构的转变。我进建筑学专业读书时满脑子只有"画"的概念，完全没有"做"的概念。但是我们受教育的过程中，开始知道在国外学设计还得做模型。当自己成为教师后，就一心要把模型制作引入设计教学，以及在做模型的基础之上用纸板制作小的物件，这就是从绘图到制作的转变。后来在香港中文大学的基础课程中积极尝试各种户外的足尺构筑物的搭建。从地标这类结构物开始，最后到木构亭子的建造，这是从制作到搭建的转变。而从搭建到建构的转变则是对建筑设计教学基本问题的回归。这一容易引起别人误会的观点是基于两个认识：一是在建筑设计教学中引入建造课题的最终目的之一是在建筑设计中体现建造的表达，即建构的问题；二是建筑教育的基本方式还是绘图和做模型这两种基本的模拟手段。如何在这个基本事实下实现建构表达，建造的目的又是为什么——这就是我们在这个教学中研究的课题。我强调从搭建到建构的转变也是对国内不断升温的建造热有感而发。现在愈来愈多的学校在课程中加入建造课题，但是设计课本身却没有什么改变。建造课题只是一个偶发事件，对整体没有起到推动作用，未免可惜。本文我想就建造课题的游戏性、教学性、社会性、研究性和艺术性这几个属性来谈谈我对建造课题的一些感悟，也算是前一篇文章的续篇。

　　游戏性应该是建造课题的一个最基本属性。游戏性首先体现在建造课题的学习理论，即"从做中学"，这个"做（doing）"也包含了"游戏（playing）"的意思。建造课题有别于通常的设计作业，需要同学之间的团队合作，教学方式活跃，强调参与者之间的互动；最后的实体建造往往在校园里进行，完成之时成为校园里的一个新闻事件。如果再把这件事做得大一些，就不是某个年级的设计课题，可以是全学院师生共同参与的建造活动。如果联络若干建筑院校一起参与，就成了名副其实的"建造节"，更加具有新闻性。这个时候其实学生做了什么已经变得不那么重要，"事件"成了活动的主题。从"游戏"角度来看建造课题的功用：一方面它起到调节略显沉闷的传统设计教学的作用，好似烹饪的佐料，为菜肴增味；另一方面，它也能在大学里给建筑学专业一个展现自己的机会。否则，建筑学的学生整天埋头在工作室赶图，不能为外界所知。

　　教学性也是建造课题的基本属性之一。建造课题出现的本来意图就是要解决传统设计教学所难以达到的教学目标，即有关建造的知识的学习。我最早接触到建造课题是 1987 年在瑞士参加的一个一周的砌砖墙短期课程。课程安排在培训建筑工人的技校内，有师傅指导如何砌墙，设计是由教授事先准备好的，学生只是按照设计来砌墙。这是一个纯技能性的学习课程。后来在中文大学尝试建造，我就希望把设计的环节也引入建造过程，变成设计和建造课题。再后来还意识到还有更多的内容可以融合进去，比如关于经费使用的问题，关于场地的设计，等等。这些都大大丰富了学生在建造过程中的学习内容。针对一般的设计和建造课题往往是从个别设计开始，再小组综合，最后小组共同完成一个建筑物的基本模式，我们还在完成共同建造后，再增加一个返回个人设计的环节，让每个学生再重新设计各自最初的方案，将在建造中所获得的知识体现在设计的发展中。总之，我们可以在建造课题中挖掘出不同的学习内容。教学性的体现需要教师明确界定学生在过程所能学到的各种知识和技能，并且按照教学目标来设计教学过程。

　　社会性是建造课题的使用意义的延伸。课堂上的设计课成果只是图纸和模型，而建造课题不同，最后一定是要有实体建筑物产生，如何处置它们也是一个问题。我们最初在香港中文大学做的建造课题由于校园管理的原因都不能长久保留，相信不少做校园建造的学校都有这个问题。后来我们找到一栋教学楼的内庭院作为建造的场地，征得学校相关部门的支持，建造的亭子作为庭院的小品长期保留。这样，建造就不再单纯是一个教学活动，建造的结果成为人们生活的一个部分而具有社会性。从这层意义延伸出去，我们可以看到很多将校园建造扩展到社区建造的例子，比如为社区建个设施，为有需要的人士建住房等。再将这个概念推进一步，就是在贫困地区开展的各种建造活动。香港中文大学主导的"无止桥"计划，中文大学学生自发在柬埔寨乡村建学校的计划，都是具有强烈社会服务性质的建造活动。香港有不少热心于捐助内地贫困地区建设的人士，成为此类建造活动的赞助者，形成一种特定的运作模式。这些建造活动的共同特点是采用当地的材料和建造技术，师生和当地人共同完成建造。

实验性是我们在谈论建造课题时常用的形容词，言必"实验性建造"或"建造实验"，好像一切建造课题都具有实验性，其实不然。实验性有别于教学性，后者的目的是将已有的知识和技能通过建造活动传授给学生，而前者的目的是师生通过建造活动来探求未知的知识和方法。实验性就意味着研究性，在建造活动的背后就应该有一个长期的研究计划。我的同事伯庭卫（Vito Bertin）关于"杠作（Leverworks）"（又叫做"杠杆梁"）的研究就属于实验性建造。他在不同的学校开设短期课程，与学生一道通过做模型和实体建造来探索各种利用杠作原理搭建的结构形式，这些形式是在课程之前所不知的，是在教学过程中产生的。一般而言，实验性建造的研究专题都与技术问题相关，比如新的结构形式、资源再生利用、特殊的建造手段、能源问题等，往往需要多学科的合作。这类建造课题的一个极致的例子是国际性的"太阳能十项全能竞赛"。竞赛以全球的高校为参赛单位，要求各参赛单位设计和建造一栋太阳能住宅，并根据十项标准分别考核，技术含量非常高。

艺术性也是建造课题的一个不可回避的属性。在校园中的建造活动，对于公众而言，自然会从艺术的角度来作评判。特别是那些不太具有人体尺度和人居特点的构筑物，更容易被看作装置艺术。比如最近在东南大学校园的大礼堂前由建筑学院的学生设计建造的纪念南京大屠杀的"复兴坛"，这是一个木构课的作业，也可以被视为是一个装置作品。我们在各种的"双年展"中更常见建筑师以实体建造作为参展作品。有些学校邀请艺术家来主持建造课程，或者有的建造课题强调概念的表达，都模糊了建造与艺术的界限，艺术成了目的，建造只是手段。

建造课题泛指由师生参与完成的实体建造活动。游戏性和教学性应该是建造课题的基本属性。游戏性强调建造活动的参与性。建造活动每天都在我们周围发生，建筑工人在建筑工地的建造活动从来不会引起人们的关注，而一群学生在校园中的很不专业的建造活动却很有新闻价值，很有游戏性。建造课题必然是以教学为目的的，但是教学性可以有程度上的分别，比如学生仅参与建造，还是同时也参与设计等。社会性、实验性以及艺术性，应该是建造课题的延伸属性，它们使得单纯以教学为目的的建造活动变得更加有意义。我是故意把艺术性放在这3个属性的最后来讨论，因为我觉得前两个属性就建造课题的本来目的而言更加重要；而且，我对于过分强调概念性的建造课题也不是很赞同。我不是不赞成美学的考量，只是在将建造当成装置艺术，以及强调建造的社会性和实验性之间，更倾向于后者。这几个属性之间的关系也不是排他性的，其实每个建造课题都或多或少地具有上述几个属性。这取决于主导者的意图，如果只是满足于教学性，建造课题也就是一门课程而已。如果主导者还想把事情做大，必然要在其他3个属性中找突破口。社会性的强调需要主导者的强烈社会服务意识，而实验性的强调需要主导者具有对建造问题的研究兴趣、计划和手段，对我们大多数人而言，最不缺的可能就是艺术性。所以，我们也最应该提醒自己不要让艺术性压过建造课题的"建造"本质。

# "笨手"＋"笨砖"的建造理念思索与实践

余亮（苏州大学金螳螂建筑与城市环境学院，建筑与城规系主任，教授）
章瑾（同济大学浙江学院建筑系，助教，硕士）

## 1.建造：回归建筑本质

建筑学专业在其他专业眼中会有些另类，它像绘画创作，是艺术，但又不全是。一副绘画作品创作完后，将它挂在墙上或哪个地方，其作品的创作基本算完成，画家的构思创作和画的制作过程合二为一，一气呵成地成为可以悬挂的绘画实体。建筑并不如此"麻利"，除类似绘画创作的过程外，最不同的是建造环节。建筑竣工后，整个建筑过程才算完成，作品才被社会认可。建造是建筑实现的根本，涉及工程的各个方面，错综复杂，需要许多工种及人员的配合才能完成。另外，建筑又是艺术，艺术的充分呈现需要借助技术手段的全面支撑。两者之间没有鸿沟，是配合关系，建筑是艺术与技术的高度统一，其形象与逻辑并存的思维方式要求设计师有着敏感的艺术洞察力和学科综合能力。大学是培养学生的"工厂"，依据不同的学生素质和培养模式将生产出不同的学生"产品"，时间拨到 21 世纪的今天，进校学生的大部分受应试教育影响，除了知晓许多数理化和 ABC 的知识外，习得的社会实践知识并不多，更不用说健全的知识体系。很多人手不能提、肩不能扛，莫过于显得有些"笨手"，不能不说脑和"手"的协调不很柔滑，而建筑需要两者的完美结合。

记得儿时上海有些家庭到一定季节会请裁缝到家缝制几天衣服，如家里宽敞，还会让裁缝留宿在家。裁缝除自己来，有时还会带小徒弟来。工作时，徒弟和师傅各忙各的，师傅并不会花许多时间去教徒弟做这做那，而是徒弟自己察言观色地去学师傅的做法，看师傅的动作，用全身心去牢记并掌握缝制的技巧，以便早日能够独立开业。如不用心又偷懒，当然得不到真技，就像小和尚进庙，名义上有师傅带，为得正果还得靠自己。建筑通过建造得以实现，大部分应用的技术是可摸的，需要用身体尤其肢体去感知才能理解，而建造参与为设计师的身体感知创造了便利。实际的教学往往设计与实体建造脱钩，学生基本上不用"笨手"参与就可毕业，尽管将来学生的工作途径很多，不该过分地纠结在工作性质，但大多数学生还会直接或间接地与建筑打交道，建造环节的设置则能为学生"亲近"建筑提供场所和机会。

在培养建筑学生的动手观上，国内外有不少有益的尝试，其中最不能忘却的是包豪斯倡导的现代主义设计思想[1]，方法不仅针对建筑设计阶段，同时也包括学生的建筑学习过程，其核心就是在教学中导入手工作坊式的建造训练，强调学生动手制作与设计创作的连贯性，以此形成了建筑史上最早的木建造教学思路，包豪斯的设计和建造一体的思想为后人的教学开展提供了示范。

## 2.材料：建造认知基础

缝衣也好，制作其他东西也好，都少不了原材料。原材料的特性认知无疑很重要，在建筑上，它更是建筑组成和意境表现的灵魂，可以衡量建造的形式并决定其成败与否。由于建筑学专业的大部分院校以工科背景招生，使初入专业不久的学生呈现理性思维丰富、形象思维相对不活跃、缺乏图形基础和综合认识能力的特点，反过来他们脑子的固有框框少，敢想敢干，因此在教学上需要因势利导。在建造上通过限制作业的变化元素数量，可使学生的注意力相对集中在材料自身的构成转换要素上，这也是各院校在搭建建造平台中重视建造材料性能、尽量使材料单纯化，最终利用材料演绎形成自己学校建造特色的原因。如同济大学建筑与城规学院连续多年利用单一的瓦楞纸板举办纸板建筑构成建造设计[2]，每年吸引不少兄弟院校和中学学生同台参赛评比，形成相当气势并成为固定节目（图1）；清华大学建筑学院 2004 年始在中高年级教学中添加了建造环节[3]；南京大学则利用木材开展木建造及建构教学。当然，国外建筑院校对建造环节的开设也很普遍，耶鲁大学就有重视与社会结合的住宅建造等（表1）。

a）建造节的整体场景     b）四川美术学院建筑艺术系出展的作品——"格局"

**图 1　同济大学建筑与城规学院的建造节**

国内外一些建筑院校的建造主材选用[4]　　　　　　　　表1

| 院校 | 耶鲁大学 | 清华大学 | 同济大学 | 南京大学 | 同济大学浙江学院 |
|------|---------|---------|---------|---------|----------------|
| 课程题目 | 住宅建造 | 建筑建造 | 纸板建构 | 木建造 | 砖体建构 |
| 材料选定 | 主材不限 | 主材不限 | 纸板 | 木材 | 普通砖 |

### 3.追求："笨手"＋"笨砖"的绿色建造感

建造材料琳琅满目，要找到贴切教学并有鲜明个性特色的材料并不易，经比较筛选，我们选择了普通的"笨砖"，即曾经大量使用的黏土烧制砖（全文均指此），以下是看中的三点理由：

一是砖的历史地位和传承意义。砖的使用在中国历史很长，它的使用说明了火的利用范围扩大以及制砖造房的模数制度的采用，标志着建筑技术的进步。使用砖体容易唤起人们对传统建筑的情感色彩。

二是砖体表现特性。砖曾为大量性建筑材料，除加工、建造和自身具有的物理优越性外，砖的内质肌理丰富，色彩质朴自然，通过"笨手"的简单组合叠加能使形体千变万化，雕塑性强（图2）。此外，砖的几何尺寸小，单元体形状简单，便于施工，通过数量变化可构成多样的形体组合，对于初学建筑的学生，容易与书本的构图等原则联系对照。

三是砖体的绿色示范作用。虽然黏土砖存在着大量消耗良土和烧制耗能等缺点，但作为教学，使用数量有限；更何况通过砖的演绎能够加快学生的建筑材料认知程度，除正常损耗补充外，砖体通过拆除可循环使用以减少环境压力。这样的做法符合绿色建造的理念，而其他材料，如木材和纸板等都难以做到，且受天气影响——怕下雨，由此可见砖的优越性和强大生命力。

对大部分学生而言，从小到大可说基本上没受过什么皮肉之苦，而建造是很好的锻炼。事后，特别是在若干年后，同学们忆起以前曾有过的这段经历，都觉得很好玩，是享受的（图3）。

图2　建造中"笨砖"呈现的不同内质肌理

图3　建造参与的过程

图4　同济大学戴复东院士及郑世龄院士相继光临建造现场

此外,建造活动还特意邀请到戴复东院士及郑世龄院士莅临现场参观指导,肯定了"笨手"+"笨砖"的建造特色,为我们下一步继续搭建和延伸砖的建造平台与内涵增添了信心（图4）。

**注释:**

[1] 罗小未. 外国近现代建筑史（第二版）[M]. 北京:中国建筑工业出版社, 2004.
[2] 张建龙. 同济大学建造设计教学课程体系思考 [J]. 新建筑,2011 (04) : 22-27.
[3] 姜涌、泰瑞斯·柯瑞、宋晔皓等. 从设计到建造—清华大学建造设计实验 [J]. 新建筑,2011 (06) : 18-21.
[4] 王德伟. 建筑学专业建造课程的比较研究 [D]. 重庆大学硕士论文. 2007.

**图片来源:**

图1:第八届同济大学建造节暨2014"华城杯"纸板建筑设计建造竞赛"我爱我家"举行 (http://www.chinaasc.org/news/zonghexiaoxi/20140603/102908.html)
图2～图4:作者自摄

# 岂止于纸——重庆大学纸板建造实践

**杨威**（重庆大学建筑城规学院山地城镇建设与新技术教育部重点实验室,系主任助理,讲师）
**邓蜀阳**（重庆大学建筑城规学院山地城镇建设与新技术教育部重点实验室,系主任,教授）
**阎波**（重庆大学建筑城规学院山地城镇建设与新技术教育部重点实验室,副系主任,副教授）

随着教学改革的不断推进,建筑基础教学的改革也受到建筑类高等院校的极大重视,如火如荼的空间建造系列活动正在全国各建筑类院校蓬勃开展,越来越多的院校也纷纷效仿、学习,并将这种建筑空间认知的方式加入到基础教学环节,正可谓"你方唱罢我登场"。为何呈现这般景象,探究其原因,主要是因为全国建筑教育（尤其是建筑设计基础教育）的重点目标之一指向了建构（Tectonic）环节。重庆大学建筑城规学院关于空间建构的教学改革,从2002年伊始已进行了多年,并取得了显著的教学效果。为了进一步激发学生的学习热情和创造性,开发设计潜能,结合"建筑设计基础"课程教学中的"纸板建筑建造"教学环节,自2013年开始,连续两年举办了"重庆大学纸板建构季"（图1）,开启了一年级学生从二维图纸到三维空间的空间认知的根本性转换,得到广大师生和社会各界的广泛关注,进一步促进了教学改革,巩固了教学成果,扩大了教学交流。

## 建造获益

以对材料综合性能的认知为基础,创造适宜人体行为的空间,是重庆大学建筑城规学院"纸板建筑建造"课程的主线。建造活动中主要使用的材料为5层瓦楞纸板,因这种材料具有力学特征明显、容易加工、方便搬运、成本较低等特点,学生对瓦楞纸板的认知相对容易。然而,仅认知材料是不够的,对于空间而言,结构体系设计是直接影响建造形式、空间尺度、设计细部的重要因素,所以学生必须探寻、了解、掌握基本的结构原理,掌握纸板建

图1 两届成功的重庆大学纸板建构季

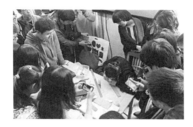

图2 用竹、纸、木、皮革等材料制作小型装置

筑常用的三种结构形式:折板结构、锥体结构、箱体结构。课程要求纸板建筑能够克服自重、自身变形、外力(推力、压力、机械力、风力等)的影响,在预定时间周期内为人们提供稳定可靠的空间。空间结构是纸板建造需要考虑的重要因素,利用空间厚度增加构件厚度,提高自身稳定性和承受外力的能力,减小变形,同时尽量减少用材,留出更多的使用空间。同时,在教学过程中,教师不断加入了诸如木、竹、金属、皮革等材料进行讲解与示范,鼓励学生进行小规模的微装置作品设计尝试(如用各种材料制作的椅子、篮子、储物盒),扩充了学生的材料认知范围,激发学生对材料认知的兴趣(图2)。

1)**参与和体验,是培养学习兴趣、认知空间的最好的老师。** 纸板建筑教学课程开始之前,一年级学生对"空间"这一玄乎的概念只能缓存在自己深深的脑海里,模糊和纠结反复折磨着你我他,能够在自己亲手搭建的纸板建筑里体验空间是学生最好的自我授课。通过在纸板建筑里营建的私密或公共空间的聚会、学习、休憩行为活动,从学长、老师、大师、书本、网络上学到的空间理论知识亦得以印证,那些原本看似枯燥无味的诸如"材料性能"、"结构构造"、"建筑物理"、"使用功能"、"空间尺度"等名词渐渐生动而清晰。

在建造活动中,小比例模型搭建是十分必要的。学生在此环节能够对自己即将完成的"大作"产生整体性的感知,同时本着"死了都要改"的专业精神对方案再次进行必要性微调。但往往影响空间建造的重大问题恰恰出在此环节,小比例模型容易忽视结构稳定性,在搭建1:1纸板建筑时因为节点的合理性、材料自重等方面的考虑不足,一些模型就会出现垮塌或只有短暂性稳定,丰满的理想和骨感的现实之间的距离关系到学生对课程的兴趣培养,教师在此环节必须给予足够的指导和建议(图3)。

对于时间控制较好的小组,参赛前能够成功预搭建1:1的纸板建筑,虽然会造成成本的大幅增加和精力的更多消耗(熬夜),但却能够对本组的搭建时间、材料准备、内部协调、建筑稳定性等有真实的、透彻的了解。我们希望每个小组都能完成这个过程,遗憾的是,在实际操作中能做到预搭建的小组仅为3~5组。这一点在纸板建构季活动中得以充分的验证。凡是进行过预搭建的小组,完成纸板建造的质量和速度把控等方面占有明显优势,而没有进行过预搭建的小组则常常面临突发性甚至是极端尴尬的问题。

2)**试错也是学习,而且是很重要的学习。** 建造中的试错过程更能引发学生对空间建造的重新思考和认识,查原因、找问题、总结经验,从而唤醒他们的学习热情。失败是难免的,

图3 从认知到建造的历程体验

图4 失败是成功之母

也是经常存在的，正所谓"失败是成功之母"。几乎每次建造活动都有垮塌的案例，搭建失败的类型多种多样：局部垮塌、彻底垮塌、当天垮塌、延时垮塌、淋雨垮塌、风刮垮塌等。当然对于垮塌的拯救形式也精彩纷呈：木棍支撑、人肉支撑、精神支撑。在承受建造失败打击的同时，教师引导学生们重新开始对结构体系、材料特性、表皮处理等关键性因素重新梳理，总结失败的经验并以文字、图像或 DV 的形式加以记录，重新向着成功继续前行（图4）。

**3）团队协作也是十分重要的。**学生按各自特点进行分工组合，整个过程从多方案对比、调整、预搭建到最终建造，中间充斥着意见分歧、方案争执、情绪波动、配合困难、工作量不均等不利因素，这时，一个责任心强、善于协调和统筹管理的组长显得尤为关键。历经建造周期，共同的目标、共同的协作、共同的成果实现使学生们的团队精神得以加强，为团队服务的意识得以提高，换位思考的交流方式得以传播。

**教学启示**

整个建造活动促进了教师与学生、学生与学生、学校与学校之间的教学互动，教学任务的推进和教学目标的实现更加有力，寓教于乐得到很好的体现。对于相对枯燥的建筑设计基础课程，诸如建筑抄绘、钢笔淡彩、工程制图练习而言，纸板建造向学生们展示出了它直观性、趣味性、参与性的魅力，简单而不粗暴。学生似乎开始告别大学专业学习时在老师面前羞于启齿、模糊接受、不善交流的状态，提问、讨论的频率和对问题的深度、广度、专业度的思考发生了良性改变，学生的学习激情被充分点燃，同时也使得教师更加积极地深入研究新的教学方法、更新教学目标、调整教学方案。

孟子曰："独乐乐，与人乐乐，孰乐？"重庆大学以此活动为设计基础教学交流平台的支撑点之一，在发挥自身的教育地位优势和地域优势的同时，正在向西南片区建筑院校扩大交流和辐射，以期促进西部地区建筑学基础教育的共同提高。在两届纸板建构季活动中，组委会邀请重庆大学建工学院结构专业的教授作为评选委员，为参赛作品打分并进行现场点评。

下一届纸板建构季，组委会已考虑邀请工民建专业的学生和教师进行联合参赛和指导，这不仅可以发挥建筑、结构的合作优势，为主要专业间的相互了解提供平台，同时也为建造的结构合理性提供有效的保障。中学组的参加也是参赛队伍架构的一个亮点，第二届纸板建构季已经开始邀请 5 所重点中学参赛，这是扩大学校及专业的社会影响的模式之一。通过中学组的参赛，可以让一些优秀的中学和中学生初步了解了重庆大学建筑城规学院的专业优势和发展方向，建立大、中学之间的联系，拓展了建筑知识，培养了学习兴趣，普及了建筑教育。

**岂止于纸**

纸板！纸板？材料性能的空间实践性学习贯穿了建造课程始终。当然，我们也在思考，在众多的建造材料中，是否仅纸板能够契合建筑设计基础空间教学？材料多样化的建造节会带来怎样的教学效果？重庆大学建筑城规学院建筑系基础教学团队正在关注和研讨这些问题，如果能够提供让学生感受不同材料的自建机会，那么，对空间认知与感受的课程教学效果将会事半功倍。

一块瓦楞纸板承载着起跑线上的建筑学子的梦想，整个纸板建造课程全程既包含着欢乐和成就，也承载着痛苦和辛酸，学生们都历经了为自己的第一个建筑的守更熬夜、痛并快乐的过程。而举办"纸板建构季"提供了一个参与、展示、体验的平台，是对建筑建构教学环节的总结，也是对建筑基础教学系列课程教学承上启下的延续。建造的方式多种多样，纸板仅仅是一个好的开始……

# 吉林建筑大学校园公共艺术创作有感

**刘强**（吉林建筑大学艺术设计学院　公共艺术教研室主任，副教授）

2014 年，是吉林建筑大学 80 级同学毕业 30 周年，校友们决定以捐建一件雕塑作品的形式为母校的校园环境和校园文化的提升做出贡献并以资纪念。

经过反复讨论，作品逐步集中于"栋梁"这个理念，以中国传统木结构建筑的"雕梁画栋"的独特结构为表现形式，既展现空间层次与结构样式的独特成魅力，又契合了吉林建筑大学的文化属性。考虑到公共空间艺术的特有规律，作品采取由繁入简的手法，选取简洁的"一斗三升"斗拱样式，并将造型进一步简化，同时将横梁造型设计为双轨形象，保持统一、均衡的同时，从三个维度上表达空间的层次；突破传统纪念碑式的竖向、"崇高"的模式，选择了横向构图、表达稳重低调且雄浑有力的美学特征（图 1）。作为标志性空间节点，又要避免像传统纪念碑一样处于空间的中心点，经过反复推敲和甄选，最后选定吉林建筑大学净月校区新校园环形布局的中心图书馆门前广场为背景环境。考虑现场人流的主要方向和主要观赏角度及距离，我们结合一定的分析并制作 1：25 模型（图 2），从而确定作品的最佳体量、尺度以及具体位置与周边建筑、人、自然景观间的空间关系（图 3）。

如何达到设计的初衷又能做到高效、节能和可持续成为项目的核心。首先确定的是材料和工艺的选择与测算，最终选用 C30 钢筋混凝土做基础，内部为钢结构，主体造型以 10mm厚 Q345 钢板，以及 6mm 厚 Q345 钢板做表面图案，通过激光切割、焊接并结合锈蚀工艺，最终形成本案。

施工精度为本案的关键。在施工和安装环节中，要求总工差不能超过 7mm，这一点也成为所有施工环节共同遵守的准则和努力的目标。

（1）所有钢板剪裁和图案雕刻部分全部采用激光切割技术，将下料误差降至最低，且节省打磨工序。

（2）选用厚度为 10mm 的 Q345 钢板为主材，在施工图设计上基本做到每一块板与周边交接，板材下料精度和材料平整度控制在误差 0.5mm 之内，同时编码标注，切割后按结构设计要求铣出焊接坡口；表面图案和字体雕刻选用厚度 6mm 的钢板附着在主板材之外。由于本案雕塑板材较厚，主体加上结构的总重量约为 20t 左右（图 4）。

图1 作品《栋梁》的效果图

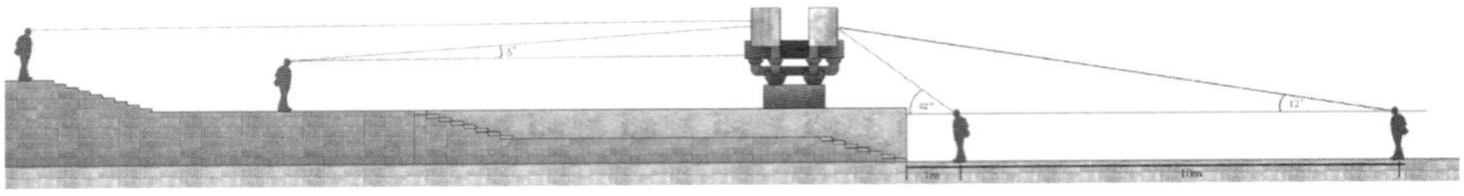

图2 各视角分析示意图

图4 表面图案的板材

图3 施工前制作1:25的雕塑模型

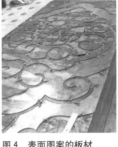

图5 手工校正及分体焊接打磨

图6 施工现场——基础施工初步完成

（3）雕塑的上部分由两根长度为11m的梁组成，由于焊接产生的应力变化一定会导致变形，为保证最低工差必须投入校正设备，其余构件由手工焊接，通过卡具和千斤顶的内部支撑进行校正（图5）。局部构件完成之后，按计划将组件焊接到一起。此时，基础施工已经完成（图6）。

（4）安装工作是考验施工精度的阶段，完成后经过测量平均误差小于8mm，基本达到工艺要求（图7）。

（5）为了追求锈蚀的艺术效果，用50%的盐酸在造型表面均匀喷撒一层，一个小时后用清水冲掉，金属表面即可裸露于空气之中；接着用盐水和清水反复喷淋，金属表面迅速开始锈蚀；有局部效果不满意时，继续重复操作；经过约3天左右的时间，表面锈蚀程度基本达到预想的效果（图8）。厚实凝重的形体需要一种充满历史感的材料进行表现，而精美的钢板工艺结合丰富的锈蚀效果呈现出浓厚的历史意味，历久弥新，随着时光的消逝，它将会愈发显现出材料自身的魅力。以东北的自然条件，预计在1年之后，钢板表面可以达到最佳锈蚀效果，然后喷一层透明哑光树脂作为保护，色彩和质感会保持较长时间，已有的经验大概可以达到12～15年左右。这样，平均10年以上为一个修补周期，运营成本几乎可以忽略不计。

经过一个月左右的奋斗，一件精彩的公共艺术作品终于呈现在吉林建筑大学的校园之中（图9）。蓦然回首，感受颇深，在雕塑艺术中，艺术家和工程师的团队合作显得日益重要；当下，技术手段已渗透到设计的本体当中，艺术与技术已经成为不可分割的"双人舞"。

图7 安装现场——精度是组装成功的保障

图8 斗栱表面进行锈蚀处理的效果

图9 竣工的效果（设计：刘强）

# 见造

曹勇（西南交通大学教师；建筑师）

## 1.冷暖

笔者所在的学校在西部，大规模的建造练习始于 2013 年，是一年级设计基础的最后一个作业。与全国高校火热的建造形势相比已属落后。在此之前，一些教师也曾在个别班级或学生课外 SRTP 进行过小范围的尝试。奇怪的是本校学生热情并不高，与其他学校如火如荼的局面相去甚远。

例如 2012 年暑假实习时候，决定在传统的认识实习之外设立一个建造组，学生自愿报名，参加者购买材料由学院全额补助，分数比普通认识实习的同学提高一档。尽管采取了这么多"优惠"措施，全年级竟然只有两人报名，还都是女生。最后这两人拉上其中一人男友，加上教师终于造出了个东西。诸如此类的"冷场"情况在更早的如"柯布度假小屋 1：1 建造"等教学尝试中已经出现。这让笔者产生了不小的困惑。出现这种状况的原因可能有两种：一种可能是本校的整体氛围还没有达到可以自然而然大规模开展建造练习的地步；另一种可能是其他热烈开展建造的学校中，既有真情实意的，也有如本校一样被动为之的——学生状态未必有那么大差异。

2013 年暑假实习正式从"认识实习"改为"建造实习"。有之前种种尝试的观察，笔者不可谓不小心翼翼：时间放在期末考完后的实习，避免因为其他科目考试复习造成学生草草收尾的情况；教师亲自到西南地区最大的包装纸箱生产企业订购纸板，材料管够，经费由学校实习经费负担，免得学生为了省钱自己买材料不够或质量太差；使用纸板这种国内早已普遍使用的材料，这样学生设计时有大量其他学校已建成作业实例可供参考，同时放在最后一个作业，学生经过一年的学习有了基本的设计技能；等等。即使如此小心计划，还是人算不如天算，建造期间赶上四川雨季，全年级 16 个组全窝在系馆中庭或各层休息厅里作业。但热闹的气氛倒是前所未有，最后的成果在形式上相当丰富多彩。对第一次大规模开展建造作业的学院来说，算基本达到正常情况。

客观地说，设计基础教学中的建造练习，学生获得体验的价值大于其建造的结果。

## 2.高下

最后验收和成果评分的时候，却又感到了一丝茫然。几个已经大二的学生过来问我，老师你喜欢这里面哪一个建造呀？我一时答不出来。任务书和评分表上列出诸如结构、构造、材料、形式等一堆分项指标，每天我也在现场细观察每个组的进展，可我又不是按照这些条框（结构、材料、节点等）在评价这些成果。我有一个简单的检验方法：在那些被建造的空间中，我（或其他人）是否愿意在其中停留并且感到愉快。

若按这个标准，那么全年级 16 个组中集体评分时，只有 4 个组的同学是乐于待在他们建造的空间里等待老师们的。有一组造型不错且提前完工的，笔者发现全组人都在外面歇着，询问后答曰："里面空间待着太不舒服了，坐一会就想出来……"不过许多人还是表示："自打娘肚子出来没这么累过……但感觉在一年级所有作业中,这次学到的东西最多！"这确实是真话。

西南雨季潮湿，纸板或淋雨水泡，或吸潮发软，没有几天工夫倒塌殆尽，清洁工高兴得忙不迭收去卖废品，系馆内又干干净净，只留下个别优秀的作为展示物。2014 年，建造作业因遇到专业评估大大提前了，时间周期也压得很短，材料种类不限，学生自行采购。最后的成果在造型或设计上的情况笔者不想介绍了，但相当数量的建造成果同样出现了没人愿意待在里面或无人愿意使用的情况。是教学要求出了问题？我们当然可以理直气壮地说在设计基础教学阶段没必要强调空间和功能，只要能表达出材料和结构的"创造性"就可以，其他学校类似情况也很普遍，等等。

## 3.内外

不过此时，笔者对这种现象已经有了另一种的观察：难道这只是校园以内出现的情况？

新校区旁边不远的村子里就是何多苓工作室，这个中国早期实验性建筑大名鼎鼎的案例，从建成后就长期没有被主人使用，间断出租给艺术学生或青年艺术家使用。每次带一年级学生去参观，都会被它残破失修的现状和原来杂志书刊上照片的对比所震动；若看远一些，此类建成后却不幸被荒置的圈内著名建筑比比皆是，丽江玉湖的学校，云南边陲的手工纸博物馆，更大的如金华艺术公园一类，都在建成后长时间无人或少有使用，令人感慨惋惜；若再说远一点，跳出校园和专业圈子看，各地因"建造"而生的空城恐怕更不可胜数。

于是，看似是校园内的"建造"活动，它的种种特点、利弊得失倒是和这个时代中校园之外的"建造"活动有了某种异曲同工之处。教师追求的是"有意味"的建造，建筑师们亮出的是"很建造"的建造，市长们看上的是可以"翻天覆地"的建造。而这个时代的中国老百姓，最渴求的只是"我也能住得进去"的建造。

如果一个时代充满了对意义和价值的焦虑和精神分裂，那么对于引入"建造"这件事的"意义"的需求就可能超过了其结果本身，可怕的是不同领域的人甚至都能拿它来派上用场。在校园内的"建造教学"或者校园外的"建造"实践中出现上述的结局大约是必然的，它已经与当事者（教师／学生、建筑师／业主、市长／居民……）无关。国内建筑界引入"建构"理论以及在校园中开展的"建造"教学，原本被指望作为清除符号术或图像化、回归建筑物质本体思考的"药方"，而在现实中反而难逃被媒体化和图像化的命运——彰显材料与建造之美的实验性建筑，常常只能定格在其刚刚完工时候的影像以维持其力量和意义；校园内热闹的建造节化为影像，在媒体网页、微博、学生微信朋友圈或qq空间中刮过一阵"秀"图旋风后，又旋即淹没在不断更新的其他资讯中。其现实中的"肉身"也一样，如同当代的城市建筑或新区一样，可以在短时间内拔地而起、争奇斗艳，又常常在一声令下灰飞烟灭。周而复始。

### 4. 从"见造"到"建造"

在这个无奈的不得不以"建造"这个本是形而下的作为来填补形而上领域空缺的时代，勤恳教师、有志建筑师以及贪婪市长各色人等，不分贵贱高低，无论动机善恶，都可悲地只能"见造"了。唯一的幸运儿是懵懵懂懂经历其中的学生、大师门徒以及工地上焦头烂额的施工队长，火种留在那些真正与建筑有缘的年轻人心里，在下一个即将开始的时代，或许会燃起真正源于生活诗性的建造，而不再需要用"建造"去承托意义或姿态。

# "技艺是诗篇的基石"——2014山东省大学生暑期设计训练营感怀

袁涛（青岛农业大学建筑工程学院，讲师）

### 活动背景与反思契机

今年暑假，在烟台大学建筑学院举办了为期10天的山东省大学生暑期设计训练营。活动汇聚了山东省十几所高校的老师和学生。活动内容是基于烟台大学30年校庆的背景，用松木型材为校庆活动设计并搭建有一定功能作用的构筑物（3m的立方体边界范围）（图1）。

活动分为两个阶段：先是方案征集（共征集到29个方案），然后以评选出的6个方案为基础进行深化设计与现场搭建；未获选的其他高校师生自由融入6个组中形成新的混合团队。活动的目的在于通过这样一种新的方式促进山东建筑高校的交流与合作。

感谢烟台大学举办的这次活动，10天的交流与碰撞为从教经历尚浅的笔者提供了一个自我反思的契机——有了对以后教学工作的"迟疑节点"。

**图1 搭建现场的成果展示**

## 道听途说与知道做到

抛开学术性的追本溯源，笔者听到"建造实验"多半来自于老四校所引领的教学改革——这其中又以同济大学的"纸板建造活动"最为知名，也延续了很多年；伴随着相关的宣传，传播也较广泛。南京大学在赵辰老师（背后或许不能忽视 ETH 的影响）的主持下也进行了木材的营造实验。其他高校类似活动的"道听途说"就不再——赘述。

山东省虽然是建筑专业高校的大省（目前有 15 所院校有建筑学专业），但通过建筑学专业评估并以建筑学为龙头专业的高校（建筑学专业能获得学校最大化的支持）却不多（目前只有 3 所）。虽然之前也举行过一定的"纸板建造"活动（借鉴于同济大学的经验），但这次暑期训练营的搭建经历对笔者而言的感受是：听到别人做一件事和自己能做同样的事之间还是有差距的——或许还是一道不好跨越的鸿沟。这其中涉及的体力劳动的具体操作是易于看见的差距，而此事所指向的有关专业教学的价值观判断或许就是不易跨域的鸿沟。

## 命题作文与自由发挥

既然是为了一定目的建造，主办方会先提供材料，并且材料的精度与数量也是有限定的（经济性也是评判标准之一）。有了这些前提条件，才能构成接下来的操作逻辑：了解材料的特性，研究加工方式，以及施工现场的组织等等——这应该是一个"命题作文"。

但从提交的 29 个初评方案来看，有一部分学生忽视甚至无视"作文的前提"，也不太在意主办方提供的南京大学建造活动等相关资料的参考意义。他们更希望通过"自由发挥"来表达自己"独一无二的创造性"。在他们眼中，搭建所用的木材是没有"物质性"的，只是 sketch 模型上的"抽象数据"；所以也才会有一部分学生对在自己的设计中使用"榫卯"、"鲁班锁"等做法极度自信——显然是把自己看到的当作自己能做到的了。

虽然柯布西耶说过，"建筑是一件艺术的事情，一种富有感情的现象，处于单纯的建造问题之外，超越于这个问题之上。建造的目的是把构件树立起来，而建筑的目的是动人"。但他更是说过，"技艺是诗篇的基石"。试想一下，抛开建造的"基石"，"诗篇"该如何谱写？

## 逻辑赋形与形式预设

虽然有了材料，有了具体功能的要求，但显然相当一部分学生更热衷于单纯的"形式创造"。所以在评审过程中，面对"设计赋形"过程中的逻辑追问，很多学生给出的回答却是完全基于个人喜好的形式。甚至有的学生希望通过自己的创造，可以让普通的松木型材"扭成弯曲动人的形态"。

某些方案在入选分组后的深化设计过程中，原先基于学生个人"形式预设"的木架坡屋顶被老师经过"人的活动与木材搭建方式"等逻辑修正赋形后，却遭到了学生的强烈抵抗——以至于断定修正后的设计已经不是他原来的设计。

个别学生对"逻辑赋形"的执着抵抗也是让笔者困惑不已的：在建筑设计课的教学过程中，如果所谓的"立面形式"都是基于个人喜好的"形式预设"，那么教师该如何评判优劣，又该如何给出让学生愉悦接受的修改意见？

## 建筑设计与图纸设计

或许是因为在这次建造活动之前，学生对于设计的理解更多的是基于"图纸"——不管是手绘还是电脑，课程设计的压力更多的是指向最后交的"成果图纸"——从而在认识上用图纸设计的操作"置换"了建筑设计的操作，而非将图纸看作是设计辅助与成果表达的工具。以至于虽然教师在后来的深化设计中反复强调用"轴测图"来表达构件的准确尺度，但学生更热衷于用"透视图"来展现设计的光影效果。或许在学生的认识里，完成建筑方案图与建筑施工图是两个不太相干、彼此独立的事情，而非对同一个事物不同过程的分别表述，然而二者的目的都是准确、清楚地表达设计意图。

## 工具操作与理想制作

虽然参加训练营的绝大部分学生都是第一次接触操作工具与木材建造，但年轻的学生总是不缺少自信与乐观——否则怎么会在自己的设计中频繁地应用"榫卯"一类的节点？

自己在电脑上用图纸画出来和通过操作工具加工出来是有本质区别的：照图加工的准确性都很难达到，何况还有材料自身误差、团队不同成员加工材料的操作误差，等等。另外，如何组织实际操作中的施工顺序才能获得图纸上的"理想制作"的形式结果？在实际加工中，图纸上的小尺寸是否能把手伸进去完成安装？这些问题难道不属于本次活动的设计范畴吗？

这次建造活动的操作主体是学生自己，不能幻想自己的设计会通过"鲁班大师"的双手来建造，正如在自己建筑设计中幻想通过农民工兄弟的手能建造出跟安藤建筑中一样品质的清水混凝土。

## 团队协作与个人创作

区别于学生课程设计过程中的个人全程操作方式（一个学生独立完成一份课程作业），每一个实施的方案都汇集了十几个来自不同高校的学生，因此，分工与合作也是这次建造活动的必修课。

小到两个学生一起抬一根木头，大到为期10天的建造过程的分工与管理，学生组长（老师只是辅助作用）如何调动每一个组员的积极性，发挥每一个组员的长处——各司其职、各得其所，从而保证团队的效率与建造的顺利推进。作为团队领袖；是个人强大到统筹一切，还是当一个好的协调者，积极调动大家的力量；出现问题后所展现的是"武断"还是"果断"，等等，也是这群90后学生在这次活动所要历练的。

把问题拓展一下，团队协作还包括团队中老师和学生的合作问题，不同背景的老师之间的合作；6个搭建小组共用一个设备操作间，不同工具的时序安排问题，等等。以上种种历练又该如何指向专业教学？

## 常做常新与昙花一现

忙碌而快乐的时光总是过得特别快。在活动结束的总结中，对于接下来是否继续举办这样的活动，呈现出两种不同的观点（其他的暂且不表述）：一种观点认为，既然今年举行了这样的建造活动，所以下次训练营要换个新花样以示区别；另一种观点认为，这次训练营为山东建筑高校的交流活动开启了一个新起点，反映出的问题正好需要在接下来的系列活动展开讨论。

两种观点考虑的视角不同，不能以对错评判。但笔者更倾向于后一种做法，正如前文所说的——从听到一件事到真正能做好，还是需要很多努力的。在活动过程中，很多老师的建造经验并不比学生多多少，并且训练营活动的主体是学生——所谓"铁打的营盘流水的兵"。在这样的系列活动中，老师可以逐步积累经验（先完成自我提升），学生也能获得一次难能可贵的"反思体验"——毕竟山东很多建筑高校目前还没有条件展开类似的教学活动，群策群力或许才能常做常新。大家一起来"缩短距离"与"填平鸿沟"。

## 张开的手与视而不见的眼睛

相较于笔者十几年前求学时的情况，现在的学生面对的并不是学习资料缺乏的问题，再大的电脑硬盘似乎也不难被资料装满。但笔者在教学过程中感受到的更多的是"视而不见的眼睛"——就如同这次训练营中的情况一样，虽然在设计之初就提供相关的建造活动资料及材料规格情况，但很多学生依然选择"视而不见"的"自由创造"。在训练营开始后，虽然材料和工具就在教室放着，但很多学生并没有先去看一看、摸一摸再来深化设计，依然只是专注于"图纸设计"。

每学期的第一节课用柯布西耶的"张开的手"（图2）来做开场白已成为笔者的教学习惯——眼睛的看到需要手的劳动来完成。这不也是值得庆幸的一点吗？通过个人手的量变操作所积累的质变体验，恰恰才是电脑硬盘所不能代替的！

在这次训练营中，学生也只有通过手对木材的一系列操作，才有可能看见设计的起点所在。

图2 柯布西耶的"张开的手"

# 东南大学建筑设计基础课程中的"设计—建造"练习

张嵩（东南大学建筑学院建筑设计基础课程召集人）

### 背景——"建构"教学体系下东南大学"设计—建造"练习的转变

东南大学建筑设计基础教学的改革在近二十余年持续推进，我们很难以具体年份抑或教师来划分代际。教学改革的整体特征体现为由"鲍扎"教学体系向"建构"教学体系的转化，直观地体现为从以"绘图"训练向"设计"训练转化；从以"图纸"为主要工作介质向以"模型"为主要工作介质转化。其中"设计—建造"类型的题目在 20 世纪 90 年代末期便开始采纳，且持续至今，教案历经多轮变化：地标设计（高度）、候车亭（出挑）、临时遮蔽物（跨度）等，即练习的设置始终以小尺寸构件连接、组合，挑战一定结构难度。20 世纪 90 年代，设计初步尚存大量绘图练习，模型也多仅作为设计表现的媒介，彼时这一课题对学生而言是非常特别的体验。

新世纪以来，随着"建构"教学观念的深化，建造逻辑在设计教学逐步成为重要话题，涉及材料、结构、构造、施工等。学生从设计课程肇始便接触各种模型材料，动手制作成为日常工作，模型制作即便不等同于建筑建造，也具有一定相似性，这就要求"设计—建造"练习更加强调和整个教学体系的衔接和融合。这一练习成为第一学期"空间操作"练习的延续：前者采用模型材料，生成抽象空间；后者则选择更广泛的材料，进一步研究空间生成，感知材料、建造与空间的关系，与上学期相对抽象的空间体验形成互补。

### 转变——东南大学建筑学院"设计—建造"练习，从材料到形式的自觉

目前的"设计—建造"练习以材料研究为切入点，要求对具体材料加以实验，总结特性、尝试连接可能、归纳材料组合的结构逻辑和空间潜力，简单地说，便是推进"由材料到形式"的自发过程。这一练习的主要教学目标为：第一，体会建造与设计之间的关系，涉及建造材料、建造手段与所生成空间之间的内在联系，在材料特性与加工可行性中寻找结合点，使设计思考体现建造的逻辑；第二，综合考虑影响建造的制约因素，包括材料、工具、施工方式、场地、时间、预算以及合作方式、工作程序等；第三，强调动手操作，通过制作、分析、实验、调整，模拟实际建造过程中的问题并加以解决。在完成设计作品的同时，更加重视学生的研究过程，要求学生研究思路清晰：包括实验、发展的逻辑一致性；模型搭建、拆卸的程序合理性等（图1，图2）。

图 1　模型搭建整体

图 2　模型搭建局部

图3 材料单元——塑料漏斗

图4 塑料漏斗为单元的建造局部

　　和以往以结构难度为主要设计挑战相比，"设计—建造"练习的研究重点更针对建造材料的特性以及由此产生的建构潜力。上述转变源自于对"设计—建造"练习十余年教学经历的反思。刚刚进入设计语境的学生尚无系统的结构知识，"设计—建造"练习从种种"结构原型"的灌输及"结构选型"入手，必然导致设计的试验性大大降低（至少对于教师而言）。以往的"设计—建造"练习，其过程体现为由"整体合理"发展至"局部合理"。学生多以小比例模型推敲设计作品的结构逻辑和形式关系，然后放大至足尺模型，解决材料加工和具体节点连接问题。现今的"设计—建造"练习则努力回避小比例模型"构思"，而是让学生在建造材料上直接进行实验，从材料特性——物理特性、几何特征、加工方法、市场价格等——入手。学生在汇报设计方案时不再说："我的想法（概念）是……"，转变为："我发现这种材料……"。教学中，我们给学生更大的建造材料选择权，甚至包括他们随手拿到的塑料漏斗（图3，图4）。学生将漏斗的几何特征充分利用；材料间的连接自然、简练；最终成果的结构理性和形式美感也正是基于这一基本单元。

　　这一转变体现了我们对"设计"概念的理解。"设计"是以娴熟的技法、完善的知识体系去解决具体问题的过程，体现出"设计"的"工程学"属性；同时"设计"更是一个有意识或依赖直觉的"发现"过程，体现"设计"的"艺术学"属性。著名的设计教育家 Victor Papanek 提出的"设计"概念便如此：*Design is the conscious and intuitive effort to impose meaningful order*[1]。

　　东大建筑学院的入学门槛甚高，学生均为理科高考制度下的佼佼者，学生在前两三年的设计课程排名和高考成绩没有正向关系。这体现出我国教育高考制度下学生（尤其是中小城市和农村生源）应试能力强、艺术能力弱。就理科高考应试而言，学习过程多为"听从师长——模仿先例——掌握方法——娴熟应用"；就艺术创造而言，则应为"个人判断——否定（扬弃）先例——创造方法——尝试应用"。我们将"设计—建造"练习思路由"整体—局部"向"局部—整体"的转化，恰恰是基于"因材施教"的逻辑，在本科一年级试图更加强化设计的"艺术学"特征。

**评价——关注教学全过程**

　　经历这一转换后，我们可以看到学生的研究、探索更加自主，教师的"威权"得以削弱。同时，学生作品的"成败"在一定程度上和"运气"有关：有些学生在"材料研究"阶段的成果非常优秀，却难以最终转化为一个完善的构筑物。对于从"局部"展开的研究而言，这非常自然。产生评价困境是必然的：具有强烈探索精神的学生可能面临失败，四平八稳的方案至少保证成立。就科学实验而言，"证实"和"证伪"具有同样的价值，如果要求学生以"实验"的方式推进设计研究，就应该鼓励学生"明知不可为而为之"，只有这样才能让学生的设计创造超越教师的经验体系。一方面要让学生能够平静地接受"失败"，另一方面要将教学的评价由最终成果评价向教学全过程评价转化——关注学生的研究和发现过程。

**反思——我们的"工匠传统"在哪里？**

　　格罗皮乌斯在《包豪斯宣言》中称，"艺术家与工匠之间并没有什么本质上的不同，艺术家就是高级的工匠……"[2]。格罗皮乌斯希望设计师回归工匠传统，而非高高在上的艺术家。目前各建筑院系的"设计—建筑"练习普遍怀揣包豪斯理想。在史无先例的工业化、城市化浪潮冲击下，中国传统建造工艺在城市已然难以为继，在"校园建造"中更是如此：木构件连接很少会采用传统的榫卯结构，别说五谷不识的学生，连年轻一代的木匠都不会做了。中国"明星建筑师"也往往（只能）将传统建造方式符号化、表皮化，体现其"文化"或"地域"情结。在建筑设计基础教学中，我们能够灌输的更多是屏蔽"文化"属性后的"建构"体验，这是基于当下"流水线"式建筑教育的无奈选择，也为我们的教学提出尚不能及的目标。

**注释：**

[1] 维克多·帕帕奈克（Victor Papanek）. 为真实的世界设计 [M]. 周博译. 北京：中信出版社，2012.
[2] 惠特福德. 包豪斯 [M]. 林鹤译. 北京：生活·读书·新知三联书店，2001.

# 心作搭建之石，力所及处方有建筑——对陕西省实体空间搭建大赛的思考

邢泽坤（西安建筑科技大学，硕士研究生）

　　每年一度的陕西省实体空间搭建大赛目前共举办十一届，它的前身是由西安建筑科技大学建筑学院学生自发组织的民间竞赛，目前这一竞赛的影响力不再仅限于西安建筑科技大学，而引起了陕西省各大高校的学生团队的踊跃参与。学生们在此过程中第一次细细地琢磨材料的使用，亲手搭建自己的作品，体会理想和现实的距离。主办方的出题也显得较为多样，如第一届以"9*n的空间可能性"为主题，在体育场空地，在3m×3m×3m的空间范围内探讨空间的可能性；第八届以"校园栖息地"为主题；第十届以"生长于自然"主题。在这样一个内容多样、学生参与积极性高的活动中，自然是受到了学生的热捧，且大多数观众对此显示出了极大的兴趣，因为他们看到了被学生激发出的创造力和从搭建过程中散发出的青春活力。但若从专业的角度上对其评价，美中不足的是参赛的作品逐渐显现出了趋于类似的现象，尽管每年的题目都试图选择新的角度。

　　这种类似性具体体现在以下三个方面：第一，材料类型的选择较为固定化；第二，搭建模型大多观赏性大于实用性；第三，实体模型的功能属性趋于简单和雷同。这种类似性导致了搭建大赛缺少了最初几届的大胆创造，而多了一些技巧和经验的叠加。我认为这是一种极其不好的趋势。学生作为大赛的主力军，大胆的想象力和创造力是主办方最想借此激发出来的东西，而它的逐渐消亡正是我们急需进行反思的。经过分析，本人仅站在个人的角度上，认为在大赛在引导方式上有改进的空间，进而为学生参赛者提供更加有价值的导向，主要涉及以下三个方面。

**一、社会关注程度不够，缺乏对专业领域的延伸**

　　设计为人服务，应该满足人们一定的需求，或是具有一定的使用性。真正有价值的设计一定是建立于人类最基本需要的基础上，例如获得德国红点设计大奖的作品，是在药瓶的说明文字上装了放大镜，这样老年人不会因眼花而拿错药。优秀的设计，在它的一举一动之下蕴含着巨大的人文关怀，设计本身也因此更具说服力。空间搭建大赛的目的并非停留在搭建本身，而关注的是搭建背后的关注点。学生设计师们搭建的东西不是"纸上画画，地上放放"，重要的是能否首先在校园中得以应用和实施，进而将想法实现在社区中以及社会中。

　　大学生的教育越来越重视和强调实践创新，举办实体空间搭建大赛毫无疑问是一个学生实践的绝佳机会，让学生平日里关注的内容不仅体现在图纸和文字之中，同时也有机会落实在空间实体上，无论成功与否，都会是对专业知识应用能力的巨大提升。而越来越多的参赛者仅将其看作是专业学习过程中的动手环节，并没有注意到搭建需要对专业领域知识进行延伸。书本知识是前人总结的，而通过动手创造出来的作品不能是对书本中模型的复制，而

应该是对所学课本知识的进一步发散展开，与各门类相关知识结合。结合的过程中是否有相容性，正是通过搭建出的实体来体现和推敲的。

## 二、设计来源未能建立在满足实际需要的基础之上

目前空间搭建大赛的题目虽然愈加贴近实际，但其中缺乏一些面向人类最基本需要的引导，而历届作品中体现人类最基本需要的，相对是少数。其实，现代社会的快速发展将人们在工作、生活、学习等方面串联，矛盾和摩擦没少产生。举一个简单例子，不是每一个公司员工在午饭后都有职工宿舍可以去。除了钢筋混凝土制造出来的传统室内空间外，搭建能否为这类人群的休息创造一些新的可能？设计为人服务，这也是空间搭建需要直面的问题。

再比如说，在搭建的过程中体会空间、感受尺度的适宜度，的确是实体空间搭建过程中十分需要留意和关注的重点，但是学生对其中的价值评判尺度的看法相对地停留在自身的体验，而忽视了人文关怀。感受空间不能仅仅依靠自己或少数人的感觉来衡量，应该是让多数人来判断。事实上，每一个作品都有其相对的使用对象，这些人的使用次数也相对较为频繁，他们是否满意却缺少参赛者的关注。比如陕西省第八届空间搭建大赛的主题是"校园栖息地"，大多数参赛者对相对表象的内涵有所挖掘，提供了一个可以停留、可以挡雨，甚至可以容留情侣在其中约会的空间，细致之中忽略了在生活、学习中遇到苦恼或烦闷的学生们。

对于在"栖息地"中聊天或是谈恋爱的人群，他们的要求很简单，就是不想被人打扰，没有这个空间还可以到学校的小树林里找个没人的地方；相反，遇到苦闷事情的学生，一方面需要适当离开公众的视野，另一方面他们需要别人"恰当"的关怀，也许一个既相对独立又不至于太偏僻的空间正是他们所需要的。"栖息地"的设计如能将心情苦闷者重点考虑，给他们片刻的精神解压，不失为一种巧妙且有价值的设计。

当然对一个题目的解读可以是多种多样的，没有一个固定的答案，但不变的是用心在为有需要者服务，并不是所有使用者都是重点付出的对象，越来越多的参赛者往往忽略了这一点。

## 三、校园为基地的搭建大赛需要"走出"校园

学生的设计"走出"校园，实际上就是在树立了"关怀和需要"为价值导向后，侧重于落实。学校是基地，校外才是检验"产品"是否有用的地方，学校只确保它"合格"。一个可以走向社会并能为大众逐渐接受的设计才能获得长足发展，因而作品要走出校园。

空间搭建就是为了动手实践。在校园中，作品相对有一些保护，如遇见刮风下雨，作品可能会被临时搬离；校外则不一样，没有人会对你作品的"生命安全"负责，因此要求设计必须具有一定韧性，而不单单是一件供观看的工艺品。

至于搭建作品具体如何"走出校园"，并不是简单地将作品摆放在校外就可以了。其实校园内本身就是一个小环境，搭建作品如能在校园中实际应用，那么它就极有可能在社区中风靡起来，最终在社会中出现。实际上，在校园中我们可以看到一些搭建作品已经深深地融入了校园环境中了，空间搭建作品就是要适应环境并创造宜人的空间，只要我们始终抱着让搭建作品融入大环境中的认识，那么作品就不断地在"接地气"，摆脱孤芳自赏的窘境，进而真正"走出校园"。

最后由以上分析和本人在实际参与过程中的心得体会，我认为实体空间搭建为学生创造了极好的平台，但有必要对学生进行一定的价值引导。需要强调的是，这并非在限制参与者的思考，而是在符合基本的价值观——设计为人而做，为最需要的人而做——的基础上，淡化步骤和方式，让学生在身边、在周围、在生活中寻找自己的素材。

**参考文献：**

[1] 李岳岩,陈静. 向课外延伸的实体搭建——西安建筑科技大学建构教学实验及其反思 [J]. 新建筑 .2011,(04) .
[2] 门小牛,黄莈. 竹子教室——一次空间实体搭建的有益尝试 [J]. 建筑与文化 .2007,(06) .
[3] 徐思淑. 论城市中人性空间的创造 [J]. 建筑学报 .1992,(07) .
[4] 朱文一. 当代中国建筑教育考察 [J]. 建筑学报 .2010,(10) .

**图片来源：**
图 1~图 4：均为作者自摄，拍摄于西安建筑科技大学

图1　具有强烈空间指引的地下室入口设计，结构感极强

图2　教学楼后面的雨水循环利用设计，巧妙地分割了空间，图为改造前后对比

图3　出色的搭建作品，但过强的观赏性使其被置于校园一隅

图4　深深融入校园环境的设计

# 瓦楞纸板建造的平凡之路

薛名辉（哈尔滨工业大学建筑学院，讲师）

张姗姗（哈尔滨工业大学建筑学院，教授，博士生导师）

　　"建构"，这个经久多年、一直存在，却常被忽略的词汇，近十年来，因其出现频率之高，足可以被纳入建筑教育辞典之中。虽然目前对于"建构"一事，国内各大建筑院校内仍然众口不一，众说纷纭。但基于建构理念所派生的"校园中的建造实践"，因其促使学生在亲自动手的过程中感受材料特性、体会构造细节之外，还具备着简单易行、寓教于乐的特点，已经成了低年级教学中融设计与实践为一体的主要教学模式之一，并如火如荼的开展起来。

　　纵观这几年的校园建造实践，国内建筑院校均各显神通：有刚刚起步仍徘徊着的，也有经验丰富已在路上的；有积极开展校际联合而"沸腾"着的，也有多重观念影响下之"不安"着的；有另辟蹊径、材料多变的"谜一样"的，也有坚守本色、多年如一的"沉默着"的。但无论何样尝试，有这样一种材料都被大部分院校使用过，即瓦楞纸板。

　　瓦楞纸板，又称波纹纸板。由至少一层瓦楞纸和一层箱板纸（也叫箱纸板）粘合而成，具有较好的弹性和延伸性，主要用于制造纸箱、纸箱的夹心以及易碎商品的其他包装材料。自2007年同济大学第一届建造节中将其作为主要材料始，便一直因其取材方便、价格低廉、易于小尺度建造而成为建筑院校内校园建造实践的主力材料；笔者所在的哈尔滨工业大学建筑学院也自2012年始，在阳光学子奖学金所支持的建造大赛中开始了瓦楞纸板建造之路。

## 从功能至上到平凡空间

　　作为一门设计课程，瓦楞纸板建造的首要问题，便是在建造的过程中学生可以学到什么，也可以等同于建造过程的关注点是什么？

　　2012年的第一次瓦楞纸板建造大赛中，当时的设计题目叫"蜗居——单身网虫的纸板之家"，让学生根据自己认定的可囊括一个网虫基本生活或工作内容的最小面积，在2.5m×2.5m×2.5m的空间范围内设计一个"咫尺蜗居小世界"。题目虽无可厚非，但其中

图1 《可开启、闭合的网虫之家》(2012)

图3 《蜗》(2014) 空间内部的光影变化

图2 《虫洞》(2014)

的"蜗居"倾向，使得更多的学生将设计关键词解读为"功能"、"行为"与"交往"等；如当时的一等奖作品《可开启、闭合的网虫之家》，虽充分考虑了建造得出的空间功能的开放性和可变性，却总感觉少了些能工巧匠的灵动（图1）。

2014年，随着教学改革的深入，整个一年级的建筑设计基础课被整合为6个循序渐进的板块，即"环境之美→空间之形→功能之用→界面之限→光影之术→组合之构"，而最后的"校园建造"课程单元则成了独立于这一体系外的超然存在。为了改变这样的局面，我们重新思考了建造的目的，并将建造的题目改为"瓦楞以为器，有室之用"，希望让学生在实践中去感受之前课程训练中所体会到的与空间相关的基本问题，同时又能在亲手搭建中树立建构的意识；旨在强化"以为器"，弱化"室之用"。具体的调整是将"功能要求"改为"可进入并满足遮护与休憩即可"；而对于建构要求的强化，则通过任务书中的设计主旨来表现，即如下的一段话：

"上古之世，人民少而禽兽众，构木为巢，是为建造；穴居而野处，后世圣人易之以宫室，上栋下宇，也是建造；传统宫殿的雕梁画栋、巧夺天工，为匠人所建造；乡土民居的白墙黛瓦、水上人家，为民众所建造；钢筋水泥、城市森林，是人类现代生活之建造；刷新高度记录，再创大跨空间，是人类面向未来、挑战自我的建造；自古潮今，人类之建造，一直就是改变世界的方式，而建造、生活与发现，才是真正的建筑本质。"

另一个具体的举措则是将建造的空间范围从2.5m×2.5m×2.5m升级到了3m×3m×3m。由于瓦楞纸板是波纹结构，在垂直于波纹的方向上受力性很弱，虽然在每个向量上的尺寸只增加了0.5m，但难度系数却成倍级增长；这间接地迫使了学生在对材料的密切关注之外，还要主动寻求建造方式的突破。如作品《虫洞》，便在瓦楞纸板的拼接方式之外，还利用了板片之间的立体插接，最终达到3m的建成高度（图2）。

同时，除"建构"和"材料"之外，还将"界面"和"光影"作为竞赛的关键词，希望在建造的过程中，一方面体味不同形式的空间界面对于空间的围合与限定，感受界面的通透性对于空间属性的影响；另一方面体验光影对于空间的贡献，在实际建造中理解光影参与对于空间的贡献与意义。如作品《蜗》就创造了一个从明亮到深邃的小空间序列（图3）。

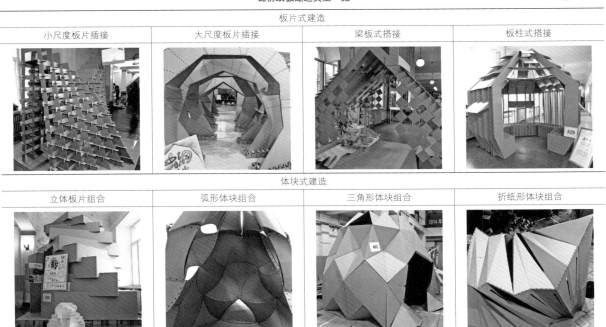

| 板片式建造 | | | |
|---|---|---|---|
| 小尺度板片插接 | 大尺度板片插接 | 梁板式搭接 | 板柱式搭接 |
| 体块式建造 | | | |
| 立体板片组合 | 弧形体块组合 | 三角形体块组合 | 折纸形体块组合 |

注：本表格内容为笔者根据哈尔滨工业大学建造大赛总结而出，难免有疏漏之处。

## 从板片体块到平凡建构

瓦楞纸板建造中另外一个突出的问题，即创意与创新的矛盾；引申来讲，即随着多年的建造实践的开展，目前的瓦楞纸板建造仿佛已经到了"江郎才尽"之地步。

如果要对现今国内的瓦楞纸板建造进行类型化的总结，可以大致分为两大类：板片式建造与体块式建造。这一点上可以契合现代建筑的建构理念，也是建造训练所隐含的意义之一。但与真正的建筑材料所不同，瓦楞纸板的材料局限性也使得其具体建造方式很难超越出板片插接、搭接、体块拼接和组合等方式，在表1中笔者列出了哈工大历次建造大赛中典型的8种构成方式，虽然有以偏概全之嫌，但的确是代表了近年的主流。

这样的情况下，精心整理的往期资料反而成了建造的创新累赘，我们便不得不反思，瓦楞纸板建造的前路何在？不得其解之时，2014年初建筑界的一件大事倒是给了我们一些启发，即日本建筑师坂茂在普利茨克建筑奖中的横空出世。在对低成本、本地出产和可重复使用的材料的极大兴趣之下，坂茂大胆地营造着属于自己的建筑艺术；在他的建构之术中，并没有拘泥在建造方式上推陈出新，而是更为关注于轻质材料的便利性、精巧性和可持续性。

于是，在2014年的校园建造中，我们也开始鼓励学生不要纠结于建造方式的"强迫性"创新，而是从轻质、精致、巧妙、可变等角度出发来横向拓展瓦楞纸板建造的范畴。从反馈结果来看，反倒是在高年级组里起到了无心插柳的作用，如作品《可收起的刺猬球》，便辅助性地利用了两个固定端和一根精巧的渔线，使得建造成果成为一个可变的装置（图4）；如作品《九折板》则主打经济型概念，仅用了9张纸板和3个小时的时间，便组装起一个有趣的空间，其关键在于对纸板的精心裁剪（图5，图6）。这些作品自立意之始，就别出心裁，为以后的建造打下基础，我想这都可以算作平凡建构之下的不平凡建造吧。

## 平凡之路

瓦楞纸板建造的本原气质，决定了它的平凡空间与平凡建构，而正是这种平凡才难能可贵。回首哈工大的校园建造之路，短短几年，却曾经失落、失望，失掉所有方向；坚持向前摸索，直到今天，看见平凡，才看见了这条路唯一的答案。

看未来，时间无言；校园建造之前路仍充满了未知。

唯有坚守如此这般，因为明天已在眼前。

图4 《可收起的刺猬球》

图5 《九折板》

图6 《九折板》的建造过程

# 从图纸到实物的转变——哈尔滨工业大学建筑学院"瓦楞以为器，有室之用"校园建造大赛感悟

干云妮（哈尔滨工业大学建筑学院建筑系，本科2年级）
田润稼（哈尔滨工业大学建筑学院建筑系，本科2年级）

**设计指导教师：**

孙澄（哈尔滨工业大学建筑学院，教授，博导）

薛名辉（哈尔滨工业大学建筑学院，讲师）

韩衍军（哈尔滨工业大学建筑学院，副教授）

陆放翁曾说："纸上得来终觉浅，绝知此事要躬行。"设计师的作品绝对不能脱离实际，建筑师尤其如是。校园建造是整个大一年级最后的设计任务，在经历了近一年来对于空间、功能、界面、光影和竖向空间的种种训练之后，这次的设计更像是一次阅兵式，让我们在实际建造中综合运用这些方法，也在建造实际的种种不易下逐渐成熟。

## 一次与众不同

从拿到任务书开始，有些问题便一直围绕着我们："建造节"里我们到底应该学会什么，应在什么地方创新？如何去完成并做好这样一个设计？是从形式出发去想如何搭建起来，还是从一个更合理的连接方式出发去生成形态？

这些设计问题在之前的课程中似曾相识，但又因为是实体搭建而更为凸显，任何对设计问题的模棱两可的认识都会导致最终的方案无法成功。我想建造节的最大目的便是促使我们在经过一年级全学年的设计操作后，迅速提升自己，学会从实际建造出发而更为理性的分析。以瓦楞纸板搭建的方式，让我们提前用最直接的方式感知了建筑材料与建筑结构。虽然一切的思考都还显得不那么专业，但是这次活动留下的些许意识，会在以后的设计中给我们带来帮助。

## 一切始于未知

设计伊始于大量的案例分析：每年的各校获奖方案都有自己的创新点，或是独特的连接方式，或是神奇的光影效果，或是优美的形态。这些都促使我们思考如何突破前辈们，来做出自己的特色。带着一点骄傲与小倔强，小组成员决心要设计出一个"前无古人"的方案。

曾经有人问我，建筑学与其他学科到底有什么不同，我想最大的不同就是结果的模糊性：一道数学题不论你会不会解答，答案就在那里，你不是创造了它，只是找到了它；而建筑设计却是一段未知的旅程，过程未知，结果未知。建构节的 3m×3m×3m 的实体搭建是一次完全未知的征途，但其最后可能达到的结果却真实可感，于是，这样一种从无到有的过程激发了我们创作更大的动力。

## 空间的构筑者

几次反复讨论之后，小组成员磨合出了第一个"海螺"的雏形，并且用弧形瓦楞纸单元拼接；过程中发现尺度不合要求，于是海螺的外形被果断放弃，但海螺所构出的空间形态却被保留了下来。小组一致认为，我们要创造出一个可以被体验的空间，不仅仅是一个可被人"一眼看穿"的构筑物，而是要让人想走进去，能够走进去，并给人以惊喜；希望能用一个3m×3m×3m内的小体量表现出空间的基本概念，让建筑师成为这个空间的娱乐家。诚然，这一构筑物在最后的形态上可能不够优雅，但我们却讲述了一个用界面、光影、形体所创造的空间的故事——"蜗"，其中规定了空间中人的生活方式。我们创造出的"冥想空间"最终给了观者以惊喜，同时也征服了评委苛刻的眼睛（图1）。

如何在建造节中创新，一直是被更多关注的话题；而我们的方案之所以吸引了关注，我想是因为在大多数人追求形式创新的时候，我们更为关注了空间。建造节年复一年，建筑学子届复一届，都在展示着对建筑不同的理解，某种程度上也算是一次不断地交流与对话。瓦楞纸板建造节的方式，让我们能在建筑启蒙之时，明白建筑是一个复杂的空间、功能、界面、光影等因素的集合，任何一个单独的方面都不足以展现它的博大与精深；而如何运用和表达这些因素，都需要我们在未来的设计中不断地求索。

### 实践中完善技术

过程中有很多不易：在一次次逐步放大模型比例的过程中，我们渐渐发现弧形单元的拼接会导致很多问题；在保持空间的原则上，形体的精度也变得难以控制，工作一时间陷入困境。时间的紧迫又不允许我们原地踏步。庆幸的是，在不断失败的草模制作与无数次的SketchUp模型推演过程中，方案渐趋明朗。

经过实际验算与搭建，我们最终放弃了以弧形单元体进行搭接，转为由折叠出现的4个三角形组成基本单元。在总的体量上，我们选择了螺旋上升又下降的形式，确定两端的高度与最高点后，以求"灭点"的方式确定每片瓦楞纸板的位置与大小。回想平时的设计，我们常常会有意识或无意识地忽略很多实际问题，但实际的建造却让我们不得不正视，迫使我们从纸面的思考转化到对模型的推敲，让我们明白设计不能仅仅是"纸上谈兵"（图2）。

### 结语

这次瓦楞纸板建造实践，无疑是一次蜕变之旅。它让我们提前感知了建筑材料、结构、构造在一个方案中举足轻重的作用，让我们明白单纯的草图不足以完成一个设计，同时也鼓励我们去探索建筑的更多内涵。经历了建造过程的我们，不再是那些个说着浪漫的墙和温馨的光的孩子，我们更加实际与理性，但是却又更加大胆和乐于实践。

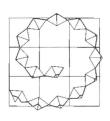
a）平面图

b）剖面图

c）内部空间光影效果

**图1　建造作品——"蜗"**

a）板片连接

b）底部合拢

c）局部调整

d）细部

**图2　建造过程示意**

也希望用这样的感悟来致谢我们的指导教师和小组的其他成员，与你们的逐渐磨合与默契是最为宝贵的财富。从方案设计阶段的唇枪舌剑，到最终方案定稿时的欢欣鼓舞；从选择节点连接构件时的货比三家，到大家一起熬夜裁板时的齐心协力；从上下结构制作时的手忙脚乱，到最终两部分完成合拢，3.2m高的构筑物傲然耸立，整个过程见证了我们的辛勤与汗水、分工与合作、欢笑和默契……

# 重庆大学建筑城规学院2014建筑年会作品（选登）

（文字来源：重庆大学新闻网）

两年一度的重庆大学建筑年会正在建筑城规学院如火如荼地展映（图1），本次年会的主题是"回到原点，探寻建筑的基本规则"。今天就让萌妹子小薇带你去现场围观他们的作品吧！

图1　建筑年会现场

## 最梦幻——《原·柱》

乍一看，是不是很像穿越里的琉璃盏？有没有被她梦幻的外表给美到呢？灵动飘逸、疏密有致的羽毛，在一束柔和的灯光的点缀下，有没有很少女心（图2）？

图2　《原·柱》

### 最萌——《雾都·重庆记忆》

软软的就像棉花糖一样,有没有想咬一口?其实它的名字叫《雾都·重庆记忆》(图3)!

图 3 《雾都·重庆记忆》

### 最印象——《虫大蜂园》

翘角飞檐,朱红门柱,灯影摇曳中投射出中国古典建筑的绝美印象,小薇也看得有些恍惚了……它还有另外一个很文艺的名字——《等蜂来》(图4)。

虫大蜂园》

111

**最意境——《原素》**

这个作品是以日本枯山水为蓝本创作的。顾名思义，枯山水并没有水，是干枯的山水景观。猜猜白色的湖面是用什么铺成的（图5）？

图5 《原素》

**最未来——《建筑承载生命》**

看到这幅作品有没有觉得特别得温馨？简洁大方的家居设计，萌发着的绿色种子，有没有一种身临其境的立体感？不管对生活，还是对艺术，仿佛时时刻刻都充满着生机。一切都是未知的，但一切都孕育着希望（图6）。

图6 《建筑承载生命》

**最创意——《无限空间》**

　　3m×5m 的展台能够呈现出多大的空间？答案是：无限大！这个"高大上"的作品叫做《无限空间》。两面镜子对立而放，利用镜面反射原理展现无限空间（图7）！

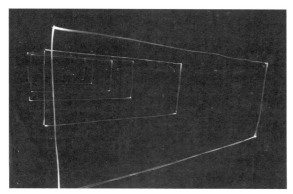

图 7 《无限空间》

**小薇解读**

　　本届年会主题——"回到原点，探寻建筑的基本规则"、"回归建筑设计本质"，除了形式美，还有材料与空间、时间、光影、声音，以及物质性与实体性的结合。例如羽毛的密集到稀疏的变化，寓意着建筑承重结构的转变和消逝。换一种思路，取另一种方式，达到课题训练的效果，才是建筑年会班级风情展的目的所在。

**图片来源：**

图 1～图 2：刘冬风
图 3：陈一粟
图 4：刘冬风
图 5～图 6：刘冬风
图 7：陈一粟

# 关于魔造部的《小岚日记》

**魏皓严**（重庆大学建筑城规学院，教授，博士；山地城镇建设与新技术教育部重点实验室研究员；嗯工作室负责人）

**引言：**

　　小岚是 C 大学城乡规划与建筑学院的院长秘书，不是规划或者建筑专业出身的，性格活泼，好奇心重，长相姣好，略微自恋，有写日记的古老习惯。本文所摘是她的日记里关于该学院魔法建造部的部分内容（在尊重小岚文风的前提下对个别错字和句子略有修改）——当然全都是征得了她的同意和授权的。

**11月13号，周三**

　　今天魔法师过来了（OMG！居然会有这种职业），长得没有我想象的帅，一点都不像吴彦祖，可是很有风度，神秘兮兮的。直接进了院长办公室，两个人嘀嘀咕咕地说了很久。

## 11月29日，周五

魔法师又来了，除了院长，还有好几个老师都在，一起嘀嘀咕咕的，还不时地高声大笑，不知道遇到什么好事儿了——感觉是一群"怪蜀黍"。不过呢，有帅的有酷的，好养眼啦。

## 1月10号，周五

听说魔法建造部（这是想拍《哈利波特》的节奏吗？想想都是醉了……）成立了，总部就在学院里，是个 3m² 的超小房间，每次开会的人不少于 20 个，主要是学生，不知道他们怎么坐得下去，改天我得去看看。

## 1月14号，周二

哈哈哈哈哈，我终于看到了那个 3m² 的魔法建造部，笑死人了——原来室内面积虽然只有 3m²，但是层高有 6 层楼那么高，其实就是个盖了顶的通高 6 层的小天井了；四周的墙壁上有很多个小窗子，开会的时候大家趴在各个楼层上，把头伸进这个小天井噼噼啪啪地说来说去。我有点"不明觉厉"呀，听说这个房间被称为"头房"——嗯，倒是蛮贴切的。

## 1月24日，周五

都是放假前最后一天了，还在走廊上听到魔法建造部（后文简称"魔造部"）里发出的大笑声，一群"深井冰"！不过呢，魔法师的长发好帅哦。

## 3月3号，周一

开学第一天，院长办公室的门居然变成了 3m 高，4m 宽，20cm 厚，黑铁制造，听说是魔造部的孩子们自己设计并联系工厂定制的。完全打开以后比走道还宽，哎呀妈呀，不就是传说中的铜墙铁壁吗！这里是反恐总么么？我的神！构造王老师说了以后我才明白，原来是要让学生们理解钢铁结构呀。可是学院里最诗意的小刘老师却说是为了让大家理解尺度异常带来的新的诗意，我没搞懂，一个铁门有啥好写诗的？小刘老师说这是现象学方法，可是院长的爱徒却说这是对通常人们认为的门的解构，我不是这个专业的，虽然到此工作 3 年也算知道些术语，依然还是似懂非懂。

不过呢，这门却是不重，别看我千娇百媚肤若凝脂手无缚鸡之力，还是能轻轻一下就把门给推开，而且它在任何角度都能停下来（只要再轻轻地摁下一个按钮）。每次经过这个门都觉得怪怪的，真的有点魔法来临的感觉哟。

## 7月10号，周四

4 个月来学院里发生了好多奇奇怪怪的变化：比如 301 教室里有个楼梯直接伸出窗外通到了楼上 401 教室里，两个班里的学生们经常有事没事地互相串门儿，不，应该叫作"串窗儿"，哈哈；再比如 508 教室对着走廊的外墙变成了 3 面哈哈镜，有人成天挤在那里照镜子，嘻嘻哈哈不停；还比如 413 教室里有 6 张桌子上面种了青草和郁金香，一到出太阳的日子，那个班里的孩子们就把桌子抬到阳台上去，让草儿花儿沐浴阳光。他们说画图的时候对着一桌子的青草，又浪漫又帅气，最诗意的小刘老师还为此写了 6 首诗呢。

## 7月15号，周二

又到快放假的时候了，教学楼 2、3、4 层的男卫生间里居然各有了一个小浴室，也是魔造部的孩子们自己整出来的，他们说熬夜画图的时候洗澡方便些。学生办公室主任（那个严厉古板的瘦高个儿姐姐）为这个事儿去找过院长，还专门开了院务会的。我参会了，十几个教授都表示支持，院长书记也就准了。

这个浴室的供热设施很雷人，不是电力也不是燃气，而是人力。在走廊端头比较宽的地方（卫生间也在那里）有个类似跑步机的东西，通过某些我看不懂的装置连接着浴室。谁要是想洗澡的话先在跑步机上面跑上半小时，浴室水箱里的水就会变热，然后就可以去洗澡了。魔造部的人说这是为了促进大家锻炼身体，别被画图和用电脑把身体搞垮了。

## 7月18号，周五

4年级景观班的李凤婷同学带头在学院旁边几乎荒废了的两三百平方米的水池上盖了一个很现代的亭子，纯几何形，纯白色，他们说是极简主义。还请了外面的某个前校友现大师来做顾问，据说施工辅导员也是这个大师找来的。水池里放了几盆睡莲，学生们自己负责保持水面的干净。

这周好些睡莲开花啦，好美好雅好古典。大家伙儿都喜欢在亭子里开会啊议事啊吹牛啊看书啊臭美啊什么的——那种感觉简直酷毙帅呆美爆啦！好多其他学院的师生们都来占用这里，据说为了抢亭子还打过架呢！

爱美的妹子喜欢在这里玩自拍，更高级的找摄影高手或者被摄影高手请来摆拍（李老师也约过我去拍照的呢），当然了，学建筑的人里摄影高手多嘛。还听说有个很丑的男生因为拍照拍得好，几个好看的妹子都在追他……林子大了，确实什么鸟都有呀。

还有更过分的，居然越来越多的人来这里拍婚纱照呢，院长书记等领导也不知道该怎么办。赶走他们吧，好像太不 open；放任不管吧，学生们会趴在窗台上看，其实看也就看了，说不定新娘心里还高兴呢。可是有些淘气男生还吹口哨起哄……晕死！

## 9月3日，周二

女生们也闹着要建浴室，但是她们不喜欢在卫生间里洗澡，在马教授的倡议下，学院就把一个带院子的没用的半地下室给了她们，这是上学期末的事情了。妹子们利用暑假把浴室弄好啦！

今儿我去洗过，真的很有仙境感呀。院子里栽着各种花，芬芳绚烂。浴室和院子之间是一大片玻璃墙，当然不能是透明的了，坏小子多得很！最神奇的就是这片玻璃墙了，其实是灰色框架里的25片不同纹理和厚度的玻璃，有的看起来很古怪，也不知道从哪儿弄来的，把阳光和院子里花的色彩进行各种反射、折射、过滤什么的，反正我也不懂了，嘿嘿，可以用8个字来形容：流光溢彩、旖旎多姿。洗澡的时候看着这些光呀色呀，真的觉得自己就是一个仙子了。这些妹子真厉害！

## 10月3号，周五

今儿闲聊时听规划系新来的美女博士木木（她好像在暗恋肌肉男大块头方老师）说，教学楼2、3、4层的浴室供热跑步机特别受欢迎，很多人在那上面跑步。只要有人跑步，不管有没人洗澡，浴室水箱里的水都会变热，不洗澡就太浪费了。所以常有同学只要看到有人在跑步就去问跑步的人要不要洗澡，如果对方说不，他就立马进去洗了。哈哈，真逗。

后来老师们也喜欢去那里跑步，尤其是身高1米9的方老师，他的肌肉可漂亮了，6块腹肌和人鱼线一应俱全，常常有人围观他跑步，尤其是小女生们（为这事儿木木都生气好几回了，嘻嘻）。但是他块头太大，卫生间里的浴室又太小，他在里面洗澡很不舒服，所以跑完后就直接开车回家去洗澡了。这时候水箱的水已经被这位壮男跑得很热了，就会有学生去争抢浴室……逻辑也太古怪了有没有？

## 12月4号，周四

唉，最近又犯了桃花劫，心里烦。院长又叫我去帮他整理桌面了，他们这些"伯伯蜀黍"真的好忙，想想也是蛮拼的……哦，对了，我在院长办公室桌子上看到了明年的魔造部计划，忍不住偷偷翻了一下（阿弥陀佛，上帝原谅我吧，我平时可是很遵守职业道德的，但是这个东西太诱人了……），哈哈，明年更多好玩的事情呢：要修建一个三角形的羽毛球场、一个环绕教学楼的游泳池、3个超级教室（好像能躺着上课的那种）、5面参数化墙壁……哎呀，记不清了，太多了，他们完得成吗？不要这么着急嘛，一年一点点儿地弄，最后这个学院会成为真正的魔法学院吧？那样的话，一直在这里工作会很开心呢！

咦，对了！好久没见到魔法师"蜀黍"了，还有点想他呢……不要迷恋这位哥，他只是一个传说？嘻嘻，我懂的。

刚才从窗子望出去，看到睡莲亭子里那个男人的轮廓，有点像他，心情顿时又不好了！这恼人的爱情！

# 2014《中国建筑教育》"清润奖"大学生论文竞赛

## 获奖名单及获奖论文点评

> 编者按：为促进全国各建筑院系的建筑思想交流，提高各校的学生各阶段学术研究水平和论文写作能力，激发全国各建筑院系学生的学习热情和竞争意识，鼓励优秀的、有学术研究能力的建筑后备人才的培养，2014年，由《中国建筑教育》发起，联合全国高等学校建筑学专业指导委员会、中国建筑工业出版社、东南大学建筑学院、北京清润国际建筑设计研究有限公司共同举办了"清润奖"大学生论文竞赛，并计划每年都将在全国建筑院系学生中进行大学生学术论文竞赛的评选活动。截至9月8日收稿时间，本次竞赛共收到来自全国60多所建筑院校的200多份参赛论文，同时不乏境外院校学生的积极参与。
>
> 论文竞赛的评选遵循公平、公开和公正的原则，设评审委员会。竞赛评审通过初审、复审、终审、奖励四个阶段进行。今年的评委由老八校的院长以及主办单位的相关负责人等11位专家和学者承担。初审由《中国建筑教育》编辑部进行资格审查；复审和终审主要通过网上评审与线下评审结合进行。全过程为匿名审稿。
>
> 目前已最终确定本次竞赛的一、二、三等奖及优秀奖获奖论文。其中，本科组和硕博组各评选出一等奖1名、二等奖3名、三等奖5名，以及优秀奖16名。共50篇论文将获得表彰，这些论文涉及25所院校，共有65名学生获得奖励。
>
> 本次分别选登硕博组、本科组一等奖论文与大家分享，同时邀请了获奖论文指导老师，以及论文竞赛的几位评审委员分别对获奖论文进行点评，以飨读者。

图1 颁奖现场照片

## 本科组获奖名单

| 获奖情况 | 论文题目 | 学生姓名 | 学校 | 指导老师 |
|---|---|---|---|---|
| 一等奖 | 哈尔滨老旧居住建筑入户方式评析 | 张相禹、杨宇玲 | 哈尔滨工业大学建筑学院 | 韩衍军、展长虹 |
| 二等奖 | 城市透明性——穿透的体验式设计 | 骆肇阳 | 贵州大学城市规划与建筑学院 | 邢学树 |
| 二等奖 | 南京城南历史城区传统木构民居类建筑营造特点分析 | 张琪 | 东南大学建筑学院 | 胡石 |
| 二等奖 | 看不清的未来建筑，看得见的人类踪迹 | 周烨珺 | 上海大学美术学院 | — |
| 三等奖 | 中国社会和市场环境下集装箱建筑的新探索 | 袁野 | 天津城建大学建筑学院 | 杨艳红、林耕、郑伟 |
| 三等奖 | 拿什么拯救你——城市更新背景下的历史文化建筑 | 胡莉婷 | 河南城建学院建筑与城市规划学院 | 郭汝 |
| 三等奖 | 1899年的双峰寨与1928年的双峰寨保卫战 | 罗嫣然、秦之韵、张丁 | 华南理工大学建筑学院 | 冯江、李哲扬 |
| 三等奖 | 电影意向VS建筑未来 | 何雅楠 | 哈尔滨工业大学建筑学院 | 董宇 |
| 三等奖 | 当职业建筑师介入农村建设——基于使用者反馈的谢英俊建筑体系评析 | 朱瑞、张涵 | 重庆大学建筑城规学院建筑系 | 龙灏、杨宇振 |

| 获奖情况 | 论文题目 | 学生姓名 | 学校 | 指导老师 |
|---|---|---|---|---|
| 优秀奖 | 基于褶子理论的未来建筑设计思考 | 黄帅、陈暲 | 中国人民解放军后勤工程学院军事建筑规划与环境工程系 | 郭新 |
| 优秀奖 | 城市公共空间女性因素思考 | 林佳思、章程、丁艳 | 苏州科技学院建筑与城市规划学院 | 楚超超 |
| 优秀奖 | 从普利兹克建筑奖看世界近代以来建筑发展 | 梁豪 | 河南城建学院建筑与城市规划学院 | 郭汝 |
| 优秀奖 | 参数化真的是未来完美的建筑发展趋势吗？——参数化建筑设计以及对当代参数化形式主义的思索 | 明磊 | 哈尔滨工业大学建筑学院 | 董宇 |
| 优秀奖 | 行走建筑——基于插入式城市理念对于未来建筑发展的思考 | 曾一博 黄晓莹 | 天津城建大学建筑学院 | 杨艳红、林耕、周庆 |
| 优秀奖 | 从梁思成对"大屋顶"观点的演变看中国本土现代主义的一些思想变革 | 陈达 | 华南理工大学建筑学院 | — |
| 优秀奖 | 未来建筑的去建筑师化倾向 | 赵雅晗 | 中国人民解放军后勤工程学院军事建筑规划与环境工程系 | 李自力 |
| 优秀奖 | 基于Javab平台下的参数化建筑设计应用拓展研究 | 李航、程一红 | 哈尔滨工业大学建筑学院 | 薛滨夏 |
| 优秀奖 | 历史人文故地重建热下的冷思考——以河南汝州夷园重建为例 | 吴礼杨 | 河南城建学院建筑与城市规划学院 | 刘书芳 |
| 优秀奖 | 古村镇的灵动所在——以乌镇和党家村为例 | 陈琛 | 苏州大学金螳螂建筑与城市环境学院 | 余亮 |
| 优秀奖 | 自然光的重定义——对2014威卢克斯大赛参赛作品"追逐阳光"的理解与思考 | 曹愉航 | 大连大学建筑工程学院 | 李想 |
| 优秀奖 | 区域环境因素对部分建筑形式的影响——以陕西关中为例 | 王杰瑞 | 苏州大学金螳螂建筑与城市环境学院 | 余亮 |
| 优秀奖 | 苏州历史街区公共空间适老性调研——以平江历史街区为例 | 储一帆、戴秀男、王峰 | 苏州科技学院建筑与城市规划学院 | 胡莹 |
| 优秀奖 | 萧山沙地民居建筑平面与空间研究 | 朱欣尔 | 同济大学浙江学院土木系 | 余亮、章瑾 |
| 优秀奖 | 工业遗产保护与再利用学习与典型案例分析 | 高长军 | 重庆大学建筑城规学院 | 孙雁 |
| 优秀奖 | 多层次共生立体社区——基于人类发展角度对未来老人居住空间的探索 | 李佳宸 | 天津城建大学建筑学院 | 杨艳红、李小娟、万达 |

## 硕博组获奖名单

| 获奖情况 | 论文题目 | 学生姓名 | 学校 | 指导老师 |
|---|---|---|---|---|
| 一等奖 | 近代天津的英国建筑师安德森与天津五大道的规划建设 | 陈国栋 | 天津大学建筑学院 | 青木信夫、徐苏斌 |
| 二等奖 | "空、无、和"与知觉体验——禅宗思想与建筑现象学视角下的日本新锐建筑师现象解读 | 李泽宇、赖思超 | 湖南大学建筑学院、内蒙古工业大学建筑学院 | — |
| 二等奖 | 一座"反乌托邦"城的历史图像——香港九龙城寨的兴亡与反思 | 张剑文 | 昆明理工大学建筑与城市规划学院 | 杨大禹 |
| 二等奖 | 历史语境下关于"米轨 重生"的再思——对滇越铁路昆明主城区段的更新改造研究 | 詹绕芝 | 昆明理工大学建筑与城市规划学院 | 翟辉 |
| 三等奖 | 历史语境下关于"绿色群岛"的再思考 | 孙德龙 | 清华大学建筑学院 | 王路 |
| 三等奖 | 历史语境下关于南京博物院大殿设计的再思 | 焦洋 | 同济大学建筑城规学院 | 王骏阳 |
| 三等奖 | 墙的叙事话语 | 陈潇 | 苏州科技学院建筑与城市规划学院 | 邱德华 |
| 三等奖 | 新建筑元素介入对历史街区复兴的影响 | 王晓丽 | 哈尔滨工业大学建筑学院 | 刘大平 |
| 三等奖 | 基于量化模拟的传统民居自然通风策略解读 | 杨鸿玮 | 天津大学建筑学院 | 刘丛红 |
| 优秀奖 | 空间话语——1950s-1960s古典园林描述体系的建立 | 钱轶懿 | 东南大学建筑学院 | |
| 优秀奖 | 当代超平建筑的内涵解析 | 金盈盈 | 哈尔滨工业大学建筑学院 | 陈剑飞、张向宁 |
| 优秀奖 | 历史语境下关于建筑材料再思——条纹面砖演进研究 | 张书铭 | 重庆大学建筑城规学院 | 郭璇 |
| 优秀奖 | 浅析结构理性主义核心观点的论证方式 | 刘赫男、李敏静 | 沈阳建筑大学建筑与规划学院 | 刘万里 |
| 优秀奖 | 理性控制下的形式推导与生成——特拉尼法西斯宫的形式解读 | 王振、李然 | 华中科技大学建筑与城市规划学院 | 汪原 |
| 优秀奖 | 空间句法变量与十八梯历史街区的活化 | 崔燕宇 | 重庆大学建筑城规学院 | 邓蜀阳 |
| 优秀奖 | 凹凸城市——城市凹地的意义与改造再思 | 朱丽玮 | 哈尔滨工业大学建筑学院 | 白小鹏 |
| 优秀奖 | 历史语境下关于近代苏南地区蚕种场环境适应性建造的再思 | 王洁琼 | 南京大学建筑与城市规划学院 | 鲁安东 |
| 优秀奖 | 矛盾与并置——森佩尔理论体系的梳理与解读 | 郭欣、郝瑞生 | 同济大学建筑与城市规划学院 | — |
| 优秀奖 | 文化线路视野下，中东铁路时期站区建筑解读 | 才军 | 哈尔滨工业大学建筑学院 | 刘大平 |
| 优秀奖 | 记忆 探索 重生——从建筑历史上的"怀旧"情怀到新中式建筑 | 宋滢 | 南昌大学建筑工程学院 | 徐从淮 |
| 优秀奖 | 利玛窦的记忆之宫 | 韩艺宽 | 南京大学建筑与城市规划学院 | 王骏阳 |
| 优秀奖 | 从西班牙社会住宅到三维城市的公共空间——以MVRDV的两个社会住宅为例 | 赵芹 | 南京大学建筑与城市规划学院 | 丁沃沃 |
| 优秀奖 | 哈尔滨近代工业建筑遗产的形成发展与类型研究 | 张立娟 | 哈尔滨工业大学建筑学院 | 刘大平 |
| 优秀奖 | 历史语境下关于"城市重建"的再思 | 高青 | 东南大学建筑学院 | 杨维菊 |
| 优秀奖 | 从乡建院的工作实践解读乡建工作新方法 | 罗翔 | 昆明理工大学建筑与城市规划学院 | 杨健 |

陈国栋
（天津大学建筑学院，博士三年级）

# 近代天津的英国建筑师安德森与天津五大道的规划建设[1]

## A Study on a British Architect Henry McClure Anderson Who Practised in Modern Tianjin and Planned the Wudadao

■摘要：近代天津建筑城市史的研究局限在于缺乏国内外第一手档案史料和详细读解；建筑师的思想和实践是理解建筑与城市形成的关键，目前研究较为欠缺；天津作为第二批历史文化名城的价值定位有待于基础资料的挖掘。本文通过研究活跃在近代中国北方40年左右的英国建筑师安德森及其作品，探讨天津五大道在英租界时期的原初规划建设。以安德森为代表的近代建筑师在天津近代化进程中有力推动了有序、高效、卫生、健康的城市空间的生成。

■关键词：安德森　永固工程司　五大道　安德森规划　建筑师　天津英租界　近代化

Abstract：The limitation of the research on the architectural and urban history of modern Tianjin is a lack of first—hand domestic and international historical archives as well as a detailed interpretation of them，which will play an important role in the value evaluation of Tianjin as one of the historical and cultural cities in China．The thoughts and practices of architects have major consequences for the architectural and urban development of a city，the comprehension of which is even more scarce in the current study．By studying on a British Architect Henry McClure Anderson who practised in northern China for about 40 years，this thesis is expected to reveal the original planning and construction process of Tianjin Wudadao in the British concession period．Mr Anderson and a number of other architects and engineers who were found to have played a key role in the process of modernization and urbanization of Tianjin，effectively promoted to realize a "orderly，profitable，sanitary，healthy" urban enclave in the city．

Key words：Anderson；Cook & Anderson；Wudadao；Anderson Plan；Architect；Tianjin British Concession；Modernization

# 一、研究背景

## （一）独一无二：近代天津研究和天津英租界研究的重要性

租界研究对中国近代建筑和城市史研究来说是极为重要的线索。西方列强和日本在近代中国先后开辟了数十个通商口岸和租界。"近代中国看天津"，作为北京门户和中国北方最大的沿海开放城市，天津曾被九国强占与管理，这在全国乃至全世界的城市史上也是独一无二的。九国租界的建立带来了西方的先进文化，包括城市规划建设和建筑营造技术等，客观上促进了天津的近代化和城市化。天津租界的地位仅次于上海。天津英租界是7个在华英租界中唯一开辟在中国北方的英租界，也是其中发展最为繁荣的一个。英租界在天津九国租界中开辟最早、存在时间最长、面积最大、管理最为成熟、发展最为繁荣、地位最为重要，是其中最典型的代表，有"国际租界"之称（图1）。

然而由于档案史料、研究方法和国际合作研究等的局限，近代天津城市建筑历史仍未研究充分，天津九国租界包括英租界的规划和建设历史尚未探究清楚，缺乏整体的关联性比较研究，是中国近代史研究中的缺项。史料是史学研究的基础，天津租界档案史料或藏于天津档案部门因管理问题束之高阁而几乎无法利用，或散落海外如英、法、日、德、俄等国尚需广泛搜集并加以深入研究，而近代天津建筑城市史的研究局限就在于缺乏国内外相关第一手资料和详细读解；建筑师的思想和实践是理解建筑和城市形成的关键，但目前

图1 天津九国租界和五大道示意图

## 指导老师点评

五大道是天津英租界的重要组成部分，是天津市历史文化名城中的历史文化街区，也是全国重点文物保护单位，具有潜在的世界遗产价值。但是长期以来缺乏深入精细的历史资料挖掘和文献解读，资料的使用范围多局限于国内，历史研究也多见物不见人，影响了对其历史价值评估的精准。针对上述问题和难点，本论文作者克服一手档案利用的困难，对国内外史料进行精细研读，从史料中寻找建筑师的活动线索，在琐碎的资料中锁定了五大道的设计师安德森，从建筑师到建筑规划作品再到建筑规范等——展开，逻辑性强，内容丰富，见人见物见事，揭示出天津五大道规划建设的来龙去脉，阐释了城市空间生成背后的动因和主导力量，为五大道的历史价值评估奠定了扎实的基础。论文论述严谨，写作规范，符合科技论文的要求，不失为一篇高水平研究生论文。

希望今后进一步攻克英租界早期的建设活动研究的不足，为从更长的时段对英租界进行历史评估奠定基础。

**青木信夫、徐苏斌**
（天津大学建筑学院，博导，教授）

相关研究较为欠缺；天津作为第二批历史文化名城的价值定位也有待于基础资料的挖掘。本文努力搜集国内外第一手档案史料，试图以一位建筑师为线索解读1918年安德森规划，尝试填补天津英租界和五大道城市史研究中的空白之处，对天津租界建筑遗产的价值认知和文化遗产保护及创意城市建设工作有一定帮助。

### （二）潜在的世界遗产：天津五大道简介

天津九国租界中，英、法、日、意四国租界存在时间较长、建设发展程度较高，原有城市形态保留较为完整，而尤以英租界最为突出。其中1919年正式开发的五大道作为英租界高级住宅区，是现今保存最为完整的典型代表，因其多元文化背景下独特的城市空间和丰富的建筑遗存，以及数百位中外名人曾寓居于此的真实历史等鲜明特征，被多位专家认为是潜在的世界遗产。

天津五大道位于天津市和平区南侧，约略相当于南京路以西、西康路以东、马场道以北和成都道以南的合围区域。1950年代左右主要因其以中国西南名城——成都、重庆、常德、大理、睦南及马场——为名的近似平行的6条街道而得名。在《天津市城市总体规划(2005-2020)》中划定有"五大道历史文化保护区"，天津市规划局在《天津市五大道历史文化街区保护规划》(2011)中划定出经过调整的"五大道历史文化街区"。这是天津市14个历史文化街区中核心保护范围最大、保存最完整，也是"天津小洋楼"最集中的历史文化街区（图2）。

五大道在租界时期属于英租界城市开发第三阶段，也是租界发展最为繁荣的推广界时期。五大道所属的推广界于1903年正式划定，在1918年安德森规划基础上，经20年左右的吹泥填地（利用疏浚海河的淤泥填垫洼地）、修筑道路、铺设下水道和自来水管网，继而建造各类房屋和运动场等，打造出以当今五大道为主要区域的一片高级住宅区（图3）。五大道的规划理念和建造技术在当时全国乃至全世界处于先进水平，整体规划科学，居住环境舒适，道路格局尺度和公共配套设施体现先进设计理念。建筑风格丰富多彩，拥有20世纪20、30年代建成的不同国家风格的建筑2000多栋，被认为是天津独具特色的"万国建筑博览会"。

由于时代变迁的历史原因和当今经济发展的冲击等，导致天津英租界当年的整体面貌已然消散多半，现存城市环境被缩减，割裂式地被划为五大道、泰安道、解放北路（南段）、解放南路（北端）、海河等5个历史文化街区（或其中一部分）。这些具有典型环境中典型性格的现存历史建筑群，在城市肌理和建筑式样等方面仍能保留那个时代的很多文化特征，从历史、科学和艺术或美学等价值角度来看，作为潜在的世界文化遗产，拥有突出的普世价值(Outstanding Universal Value)。以五大道为代表的天津九国租界现存城市空间，独一无二或至少是非常特别地代表了近代中国乃至东亚的"租界"这一"类殖民地"微型城市；是代表

图2　2011年天津14处历史文化街区示意图

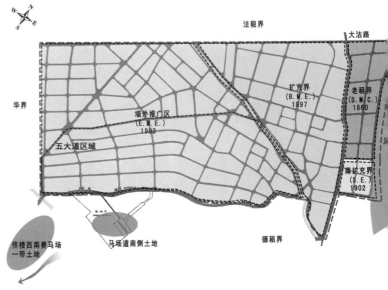

图3　英租界和五大道范围示意图

人类历史上在近代中国东西方文化碰撞和融合的城市规划、建筑设计、建造技术和景观设计的重要例证；直接或明确地同近代中国乃至全世界的一些具有突出普遍价值的重要历史事件和历史人物活动有关联；具有当时世界领先水平的城市规划、建筑设计、建造技术和景观设计，与租界内外侨和华人的社会生活和文化形式共同展现了近代中国东西方文化间具有重大意义的交流，对近代天津乃至中国的城市化和近代化产生深远影响，可作为多种文化中人类居住地的杰出范例。五大道基本符合世界文化遗产的基本标准 6 条中的 5 条（标准 2、3、4、5、6），具备很大的真实性和一定的完整性，并处于相对有效的保护和管理状态。

### （三）近代在华英国建筑师的代表：安德森在近代中国华北建筑界的地位

来华外国建筑师最早在香港、上海及其他南方的通商口岸活动。1900 年之前几乎没有专业的外国建筑师在天津执业，早期主要建筑活动多是由一些测量师（Surveyor）、土木工程师等完成。1900 年八国联军侵华战争后的 40 余年里，大量外国人陆续涌入天津，建筑师作为一种新的职业开始在天津出现，约有近百位中外建筑师、数十个建筑事务所在天津执业。

不同国家背景中，以英系、法系和中国的留学回国建筑师最为活跃。在爱丁堡受过建筑训练的安德森是活跃在近代中国北方 40 年左右（其中在天津 30 年左右）的知名建筑师，与在伦敦受过建筑训练的库克（Samuel Edwin Cook）（图 4）一起主持的永固工程司在天津英系建筑师群体和近代天津建筑界举足轻重，他们在天津及其他北方城市留下大量建筑作品。他们两人与乐利工程司（Loup & Young）的卢普（A. Loup）和杨古（E. C. Young）、义品公司（Crédit Foncier d'Extrême–Orient）的 3 位建筑师，还有另外 4 位有名的银行商人，被 1917 年《今日远东印象及海内外知名华人传》一书列为当时天津极为出色的专业人士（Prominent professional men）[2]（图 5），由此可见，40 岁的安德森在当时的天津已是非常优秀的知名建筑师。作为与英租界工部局关系较为密切的政府建筑师，安德森在 1918 年提交英租界规划方案时提议由全体建筑师成立一个委员会来统一指导、控制建筑质量和城市景观，1922 年前天津的建筑师协会（Architects' Association）成立，1922 年英租界工部局也请建筑师协会协助成立了一个 4 位成员的城镇规划委员会（Town Planning Committee），同年英租界工部局委托天津建筑师协会的两位成员安德森和杨古参照上海经验协助工部局修订建筑条例并指导改进街道建筑。

## 二、建筑师安德森和永固工程司简介

### （一）个人简介

建筑师亨利·麦克卢尔·安德森（Henry McClure Anderson，1877～1942）是英国苏格兰人，生于爱丁堡，去世于天津，享年 65 岁[3]。他的教育经历暂时不详，在爱丁堡受过建筑训练后于 1902 年 25 岁时便来到中国，早期在中国东北为苏格兰和爱尔兰传教团体设计建造了大量建筑；1912 年前来到天津并在此工作、生活了至少 30 年直到去世[4]。他是活跃在近代天津乃至整个北方建筑界的知名英国建筑师，其最主要的建筑生涯正处于近代天津租界发展最为重要的繁盛期，留下了不少优秀的建筑作品，并作为英祖界当局建筑师直接参与到天津英租界（特别是当今五大道区域）的规划设计和建设管理工作。

### （二）家庭背景

安德森生于爱丁堡一个普通家庭：祖父一辈多是纺织工人，父亲做了一辈子音乐教师，母亲在安德森 9 岁时去世，在 6 个兄弟姐妹中安德森排行老四，算家里较为有出息的一个。他们住在爱丁堡 Roseneath Terrace 13 号。1901～1910 年期间，安德森与小其 5 岁的玛格丽特·普雷蒂·罗斯（Margaret Pretty Ross，婚后称 Margaret Pretty McClure Anderson，1882 年～）结婚；1911 年女儿萨莲娜·麦克卢尔·安德森（Salilla？McClure Anderson，1911 年～）出生；1913 年儿子约翰·马尔科姆·麦克卢尔·安德森（John Malcolm McClure Anderson，1913～1990 年）出生。他们一家四口住在天津道格拉斯路先农公司大楼（TLI）2 号（今洛阳道先农大院 2 号）。小安德森也是建筑师，1931～1937 年就读于英国爱丁堡艺术学院，后留在爱丁堡工作；1938 年由其父亲安德森和另两名建筑师一起提名成为英国皇家建筑师学会的候补会员；1990 年小安德森去世后留下妻子和至少一个儿子住在布里斯托。[5]

### 评委点评（以姓氏笔画为序）

论文切入点恰到好处，不是对五大道建筑表象进行研究，而是挖掘五大道建筑表象背后的运作规律和人文背景，对英国建筑师安德森也是一种缅怀。有此人文情怀的学生是中国建筑师未来的希望，有此学术功底的学生值得赞扬和表彰。

本篇论文的意义在于为当今的城市化提供了一面镜子，对于现代千城一面的浮躁城市化有一定的批判作用，进而让我们静下心来审视一下天津英租界与五大道，认真思考一下城市生长背后的动因及主导力量。

神圣、安全和繁荣是城市生长的三大要素，规划师与建筑师的职责就在于掌握规律、顺应规律、实践规律，这样的路虽然艰难，但也要坚定地走下去。

马树新

（北京清润国际建筑设计研究有限公司，总经理；国家一级注册建筑师）

图 4 库克（左）和安德森（右）照片

图 5 1917 年被列为天津极为出色的专业人士

### （三）工作经历

1901 年，24 岁的安德森在爱丁堡某个事务所担任绘图员[6]；1902 年，在爱丁堡受过建筑训练后来到中国工作[7]。安德森本人信奉苏格兰长老会（Presbyterian）[8]，早期在中国东北地区为苏格兰和爱尔兰传教团体设计并监理了一大批建筑[9]。1912 年前来到天津以个人名义开办安德森工程司行（Anderson，H．McClure），初设于法租界巴黎路（今吉林路），后先后迁英租界中街、广隆道及怡和道营业，承办建筑设计、测绘及估价业务[10]。1913 年同库克接手了 1906 年前就已成立的"永固工程公司"（Adams，Knowles & Tuckey），并冠之以他们自己的英文名字，改称"永固工程司"（Cook & Anderson）[11]，办公地点在天津维多利亚道（1913～1920 年是 15 号，后最晚在 1925 年迁至 142 号）（详见下文永固工程司）。据安德森执业经历和业主背景的现有不完全史料可推测他兼而具有教会建筑师、商业建筑师、政府建筑师的不同身份。

1913 年，英租界工部局工程处代理工程师斯图尔特（H．R．Stewart）回国休假 6 个月期间，安德森替他担任临时代理工程师（Temporary Acting Engineer）。1916～1918 年，安德森在英租界工部局又做了一年半的临时代理工程师，期间完成安德森规划（表 1）。几乎同时，英租界工部局在 1917 年和 1922 年两次聘请安德森和乐利工程司参照上海租界建设经验着手修订建筑法规，并分别于 1919 年和 1925 年颁布英租界建筑法规（详见下文）。1920 年，库克和安德森是英国皇家艺术学会会员（M.S.A.）[12]。1925 年，在天津的办公地点在库克的见证下，安德森正式成为英国皇家建筑师学会正式会员（FRIBA）[13]；1925～1930 年间，两人都是在天津活动的英国皇家建筑师学会正式会员，之后英国皇家建筑师学会对在天津的会员不再确认（不过 1938 年安德森有资格为其儿子小安德森提名皇家建筑师学会候补会员）[14]。

### （四）永固工程司简介

永固工程司大致经历了如下阶段：Adams，Knowles & Tuckey（1906 年前～1908 年前）——Adams & Knowles（1908 年前～1913 年前）——Cook & Shaw（1913 年前～1913 年）——Cook & Anderson（1913 年～1942 年？）。1913 年正式成立的永固工程司（Cook & Anderson）的前身是 1906 年前成立的永固工程公司（Adams，Knowles & Tuckey）。1906 年，前美国土木

**天津英租界工部局工程处工程师简表（1888～1937 年）**　　　　表1

| 序号 | 年份 | 中文名 | 英文名 | 职务或职业 | 背景及简介 |
|---|---|---|---|---|---|
| 1 | 1888～1890 年 | 史密斯 | Alfred Joseph Mackrill Smith | Surveyor | 1888 年 10 月 4 日来到天津在海关登记。 |
| 2 | 1891～1899 年 | 裴令汉 | Augustus William Harvey Bellingham | Surveyor（1891～1896 年），Engineer（1897 年），Secretary and Engineer（1898～1899 年） | 英国土木工程师学会准会员（A.M.I.C.E.）。1888 年 2 月 2 日来到天津，在海关登记。1888 年左右参与中国铁路公司（China Railway Company）总工程师金达负责的勘察修建从芦台到北塘和大沽铁路延长线工作，包括塘沽火车站。 |
| 3 | 1900～1905 年暂无史料，推测为裴令汉。 | | | | |
| 4 | 1906 年 | 裴令汉 | Augustus William Harvey Bellingham | Engineer | |
| 5 | 1907～1909 年暂无史料。 | | | | |
| 6 | 1910～1915 年 | 斯图尔特 | H．R．Stewart | Acting Engineer | 1913 年休假 6 个月期间，安德森替他任临时代理工程师。 |
| 7 | 1916～1917 年 | 安德森 | Henry McClure Anderson | Acting Engineer | 建筑师。 |
| 8 | 1918～1921 年 | 伯金 | W．M．Bergin | Engineer（1918～1919 年），Municipal Engineer（1920～1921 年） | 爱尔兰皇家大学艺术学和工学学士（B.A.，B.E.），A.M.I.C.E.。1920～1921 年之前在滦县的京奉铁路任现场工程师 |
| 9 | 1922 年 | 霍利 | D．H．Holley | Acting Municipal Engineer | M.C.，A.M.I.C.E.。1920～1925 年在津，曾在法、比、印、意参军。 |
| 10 | 1923 年 | 惠廷顿（作者推测） | A．Whittington-Ccoper | Municipal Engineer | A.M.I.C.E.，A.S.I.。1923 从英国来，曾在英国、新加坡任工程师。 |
| 11 | 1924 暂无史料 | | | | |
| 12 | 1925～1940 年 | 巴恩士 | H．F．Barnes | Municipal Engineer（1925～1933 年），Secretary and Engineer（1934～1940 年） | 1925～1940 年：科学学士（B.Sc）M.E.I.C.。其中 1931～1933 年曾记录为 M.AM.Soc.C.E.。 |
| 13 | 1937 年 | 乔靁纳 | C．N．Joyner | 副工程师 | 工学学士（B.E.），M.AM.Soc.C.E.。 |

来源：作者整理自天津英租界工部局报告（1895~1940 年）等。

工程师学会会员、原北洋大学堂土木工程教习亚当斯（E. G. Adams）、英国机械工程师学会准会员、原关内外铁路总局山海关桥梁工厂助理机械工程师诺尔斯（G. S. Knowles）及英国土木工程师学会准会员、工学士塔基（W. R. T. Tuckey）合伙开办，即以三人姓氏为行名，承揽建筑设计及土木工程业务（Architects and Engineers）。1908 年前塔基退伙，在伦敦受过建筑训练并于 1903 年来到东方执业的英国皇家建筑师学会会员库克加入，更西名为 "Adams & Knowles"。库克与亚当斯和诺尔斯一起工作时表现非常出色，因此在 1913 年之前的好几年里就成了公司的合伙人。嗣由库克与英国及美国机械工程师学会会员肖氏（A. J. N. Shaw）合伙接办，启用 "Cook & Shaw" 新西名，华名依旧。1913 年拆伙。（据天津市档案馆档案，至 1913 年 4 月 14 日仍有记录，1913 年 11 月 12 日前）由库克与安德森合伙接办，更西名为 "Cook & Anderson"，华名通称 "永固工程司"；添测绘、检验、估价核价等业务（Arichitects, Surveyors and Valuators 或 Valuers）[15]。1940 年代初尚见于记载，安德森 1942 年在天津去世后的情况不详。

## 三、安德森和永固工程司主要建筑作品

### （一）主要建筑作品简介

安德森和永固工程司、永固工程公司业务广泛，在天津、北京、唐山、辽阳等整个华北地区设计监理了大量建筑项目，主要业务在天津。项目业主多是英国背景，包括英国传教团体、英商企业、英租界工部局、英国侨民等。项目种类多样，以学校、办公楼、教堂、医院等公建为主，也有一些住宅项目（但目前线索不多）。史料所限，本文仅能举出有限的作品，试图勾勒、评价他们的执业活动。

第一阶段（1902～1913 年）：1902 年来到中国独自执业的安德森于 1912 年前在天津成立安德森工程司行；1903 年来到东方的库克在 1908 年前加入于 1906 年前成立的永固工程公司执业（具体项目见下面两段）。安德森在东北为苏格兰和爱尔兰传教团体设计并监理了大量的学校、医院、教堂和住宅等建筑，目前仅有的线索是设计于 1908 年的辽阳怀利纪念教堂（Wylie Memorial Church, Liaoyang）。

第二阶段（1913～1917 年）：（史料所限，这一阶段的项目简介包括了 1906 年前～1913 年间的永固工程公司业务。）在 1917 年之前，库克和安德森 1913 年接手前的永固工程公司和接手后的永固工程司在天津完成了大量建筑项目。商业办公项目主要有维多利亚道附近的新泰兴洋行（Wilson & Co.）、永昌泰洋行（Talati Bros.）、惠罗公司大楼（Whiteaway Laidlaw，也称华特崴因·莱道卢百货店、天津伊文思图书公司大楼）等，以及隆茂洋行（Mackenzie & Co.）、卜内门公司（Brunner Mond & Co.）、中国政府铁路办公楼（the Chinese Government Railway offices）等，这些业主大多是英国背景。他们还设计了天津南门附近的天津中学（Tientsin School）、天津中西女子中学[也称金学校（Keen School），1915 年]和伊莎贝拉·费舍尔医院（Isabella Fisher Hospital）等。除此之外还设计了大量私人住宅，包括德租界的 E. W. Carter and F. R. Scott 住宅，俄租界的 W. Sutton and Brunner Mond & Co. 住宅，英租界的 P. S. Thornton 住宅，还为英国军队设计了大量房屋。

1917 年前这几位建筑师的项目不只局限在天津，也在北京设计了很多建筑，包括怡和洋行办公楼、京奉铁路火车站（the P. M. Railway Station, Peking-Mukeden）、祁罗弗洋行（Kierulff & Co.）、Culty Chambers、荷兰公使馆建筑（Dutch Legation Buildings）、基督教青年会（Y.M.C.A., Young Men's Christian Association）、邮政局官员住宅（Postal Commissioner's residence）、北京协和医学堂（United Medical College and Hospital）等。他们还在唐山设计了工程学院（Tongshan Engineering College）。

第三阶段（1917～1942 年）：永固工程司在 1917 年之后的主要建筑作品目前仅知有天津印字馆（1917～1925 年之间）、马大夫纪念医院新门诊部（1924 年）和病房大楼（1930 年代）、英国文法学校主楼（1926 年）、耀华中学礼堂（1932～1935 年）等。

### （二）重要建筑作品分析

安德森设计于 1908 年的辽阳怀利纪念教堂，是一次中西建筑形式相结合的很好尝试，曾被一位知名建筑师评价为中国北方最出色的教会建筑。平面呈十字形，可舒适地容纳 650 人，根据中国的传统礼制设计为男人坐在教堂的中心，女人则坐在侧翼[16]。西式的山墙、壁柱等元素与中式的坡屋顶（斜直）、亭子、檐下很好地融合在一起（图 6）。

**评委点评**（以姓氏笔画为序）

关于天津五大道地区建筑的研究并非少见，但这篇论文的切入点是从一位相关的外国建筑师安德森介入和参与的角度展开，研究观察视角颇有新意。

论文对安德森建筑师的专业背景，在中国所开展的实践，特别是 1918 年的五大道地区规划展开了深入的讨论，对其规划的专业思想、技术要点和创新之处进行了分析和检讨。从中总结出外国建筑师对天津近现代城市规划建设的学术贡献。论文以文献资料查考为依据，写作严谨，学术规范掌握较好，论述逻辑合理。

论文如能就安德森规划落地情况与今天天津五大道实存的城市建筑布局和风貌的关系展开一点讨论会更好。

王建国
（东南大学建筑学院，院长，博导，教授）

本文从近代英国建筑师安德森在天津参与五大道规划设计和建设管理的微观视角，深度挖掘了近代建筑史研究中逐渐为研究者所关注并以研究的基础资料，为从事近代建筑史研究等相关人员提供了近代中国在东西方文化碰撞和融合下的城市规划、建筑设计以及建造技术等方面的重要例证。作者通过查阅大量的文献和史料，对安德森主要建筑作品及其参与的五大道规划设计和管理工作进行了较为详细的解读，论文小中见大，有助于读者认知近代外国建筑师在对近代天津乃至中国城市化和近代化过程中，对推动城市空间的有序、高效、卫生、健康发展所起的作用。论文填补了天津近代建筑史研究中对英租界和五大道城市史研究的空白之处，具有重要的史料价值，亦有助于对天津近代建筑遗产的保护。

论文逻辑清晰，结构严谨，文字流畅，体现了作者扎实的论文写作功底和较高的理论水平。

王莉慧
（中国建筑工业出版社，副总编辑）

图6  辽阳怀利纪念教堂

图7  天津中西女子中学

图8  天津惠罗公司大楼

图9  天津印字馆

天津中西女子中学设计于1915年，通过在整体上架设大屋顶而统一起来，利用山墙强调出立面（图7）。天津惠罗公司大楼建造于1917年前，为三层钢混结构楼房，平面为条状布局，一层为英式高档百货店，二层为办公用房，屋顶是缓坡顶且四周出檐；临街主立面为水混饰面，开有方窗并以壁柱相隔；檐部中央部分作三角形折檐。这种形似大型山墙的处理，使主立面免于整体的单调感（图8）。天津印字馆建于1917～1925年间，砖木结构，原为五层书店，造型模仿钱伯斯风格的英国民宅，山墙支配整体，随室内地面的抬高，通道变窄；从过去的照片可以看出一层部分为拱券状，考虑到了道路的设置[17]（图9）。

天津马大夫纪念医院新门诊楼（今已不存）和病房大楼（今天津市口腔医院）于1920年设计，1924年建成新门诊楼，1930～1935年间分北、中、南三部分陆续建成病房大楼[18]。新门诊楼是一层的坡屋顶建筑，与1880年所建中式5开间歇山建筑的老门诊楼有一定呼应关系，临街主立面突出山墙，壁柱和檐饰运用古典元素。病房大楼是4层的U字形的钢筋混凝土建筑，立面简洁而没有复杂装饰，强调窗户和墙面的比例分隔，类似于芝加哥学派的手法（图10～图13）。

天津英国文法学校主楼1926年奠基建设，运用古典建筑元素，平面构图形似飞机，主立面中间的门廊也是突出山墙元素（图14，图15）。天津耀华中学（1934年由天津公学改名）礼堂（Assembly Hall）建于1932～1935年，由永固工程司负责监理建造[19]。建筑平面呈扇形，为带地下室的2层砖木结构，与第一、三校舍相连，有连通校内外的3个入口。外立面为红缸砖，台基、檐口、窗券等部位采用水刷石装饰。礼堂设有1270个座位，为一座供师生习礼、集会、讲演和观看影剧的多功能大礼堂[20]（图16）。

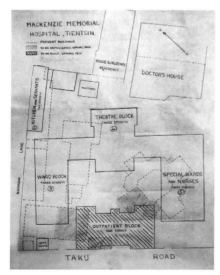

图10  马大夫纪念医院平面图

图11  老门诊部（左）和新门诊楼（右）并立照片

图12  新门诊楼打地基照片

图13  新门诊楼（左）和病房大楼（右）并立照片

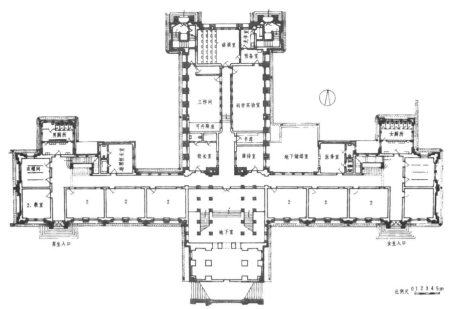

图14 天津英国文法学校主楼平面图

图15 天津英国文法学校主楼（1929年照片）

图16 天津耀华中学礼堂图片

### （三）建筑风格初步分析

整体上，安德森和永固工程司、永固工程公司的建筑作品风格以英式背景下的自由历史风格或折中式样为主，如辽阳怀利纪念教堂、惠罗公司大楼、耀华中学礼堂等。他们的建筑作品立面大多都突出山墙主题。山墙和古典主义建筑中檐饰元素的使用在20世纪初的天津较为普遍，但这种山墙又不仅仅等同于檐饰，而是对各种山墙进行加工后的产物[21]。他们也跟随时代潮流设计了一些新建筑，如1930年代建造的遵循芝加哥学派设计风格的马根济大夫纪念医院病房大楼。他们建造的一些大体量钢筋混凝土结构功能主义建筑，具有水平长窗和混凝土梁和窗台这些特征[22]。

由于近代中国政局和社会动荡不安，中国早期现代化进程各地不均、断断续续、错综复杂，同时近代建筑样式丰富多样。20世纪上半叶，西方来华建筑师和中国留学回国建筑师带来了西方建筑样式，除古典建筑样式外，工艺美术运动、新艺术运动、装饰艺术运动和现代主义思潮，短时间内影响到上海、天津、汉口等大城市，构成早期现代主义在欧美之外发展的重要部分[23]。而由于抗日战争（1937～1945年）、解放战争（1945～1949年）等影响，及新中国成立后学习苏联发展模式的大环境，使现代主义建筑在中国没有得到更为充分的发展。20世纪初，在天津的九国租界背景下，居住人群背景极为复杂。以英租界为例，在20世纪30年代拥有来自世界各地30多个国家的4000多个外国人，特别地还有中国近百位地位特殊的寓公和其他一大批历史名人与富商等寓居于此。至少十几个国家或民族背景的建筑风格和伴随时代背景的新建筑在此交汇，整体上以折中主义风格为主。

在天津执业的外国建筑师和土木工程师遵循本国及其殖民地的城市建设经验开展建筑活动，他们大多数明显受到本国建筑传统、历史风格等影响，同时受到欧美一些新建筑思潮的影响。20世纪30年代，现代主义在天津较为流行，但由于战争等影响并未能发展得更为充分。在天津，以英系乐利工程司的卢普和杨古、法系永和工程司的穆勒、奥籍建筑师盖苓等为代表的一大批外国建筑师，以及以关颂声、阎子亨等为代表的留学回国的中国建筑师，这些相对年轻一代的建筑师开始接触并设计一些国际流行的现代建筑。史料所限，这一时期的现代建筑发展尚不能梳理足够清晰，目前也很难发现永固工程司有涉及新建筑思潮如现代主义的作品。永固工程司1940年代初尚在天津有记录，但安德森和库克在1930年就都已至少53岁，比起在天津后来的年轻一辈，他们已算是资格较老的上一代建筑师，所以可推断永固工程司的受现代主义等影响的新建筑作品非常少，或在其执业活动中只占到分量较轻的一部分。建筑师的作品风格可能受其教育背景、业主要求和时代风潮等的影响，这些还需要更为详尽的史料进一步研究解读。

## 评委点评（以姓氏笔画为序）

该文对本次论文竞赛的出题范畴作出了恰当的呼应。文章从一人（安德森）一事（天津五大道规划建设）切题，作者搜集了大量基础文献史料，完整地介绍了安德森在华的建筑工程历程，以及天津五大道的规划建设。

文章选取叙述性史实研究方法，对资料有甄选、有取舍、有分析，因此呈现出较强的逻辑叙事特征。唯一不足是有些资料稍显繁冗，在取用上如能再加以精炼概括会更好。

李东
（《中国建筑教育》执行主编、《建筑师》杂志副主编）

#### 四、安德森与天津五大道的规划建设

以五大道为主要区域的英租界推广界,在 1903 年正式划定时是一片洼地和水坑,其后十余年间几乎没有什么建筑活动,主要原因是城市开发建设尚未发展到这里,英租界工部局并未对其进行有效管理,也没有足够的资金去推进必要的市政建设 [24]。后来推广界共出现三版规划方案,即 1913 年规划草案、1918 年安德森规划方案和 1922 年改进方案;另 1930 年提出具体的推广界分区界限。

##### (一) 1913 年规划草案

1913 年出现的推广界规划草案可能是英租界工部局的初步开发设想。道路网格一方面基本延续之前英租界的方形网格体系,道路似乎仍可看出平行或垂直海河的影子;另一方面又表现出似乎离海河越远、越趋于与老城正南北向保持一致,整体呈正东西、正南北走向,这很可能受到天津老城、墙子河附近已有中国人房屋等本地中国人习惯的正南正北方向以及赛马场、英国兵营等西式建筑南北走向的影响。规划草案最大的弊端是大致呈东西向矩形的英租界的交通联系不够便捷、缺乏整体性 (图 17)。

##### (二) 1918 年安德森规划

1918 年初,时任英租界工部局代理工程师的安德森在提交董事会和纳税人会议的报告中提出主要针对推广界的英租界整体规划设计方案 [25]。董事会基本同意该方案,并于 1919 年专门成立租界改进计划委员会推进方案实施 (1922 年又有部分改进)。规划方案要点有:

(1) 保证道路规划布局合理、疏密有致,具有良好的可达性,并考虑整体性。"要考虑到不只是整个英租界,还包括邻近租界及周边地区之间的道路畅通。"

(2) 精心设计道路走向,保证以后的建筑具有良好的采光和通风,形成有利健康的居住条件。经过对比推敲,整体东西走向的道路比正南正北的划分方式更好,因为"可以保证以后的住宅尽可能获得南向"。

(3) 提供完善的排水系统和防洪能力。

(4) 考虑交通需要和经济性,恰当设计道路的宽度,要有充分的、良好的开放空间,满足人们对阳光、空气、娱乐的需要。

(5) 明确路线,以便于决定建筑的群体布局,建筑间距要足够宽敞。

在其规划方案说明中,依次考虑、陈述以下内容:精心考虑电车路线并建议调整局部的路网格局;设计主要干道、次干道、宅前非机动车道等的格局和做法;控制界内的建筑、道路、开放空间等的面积比例;建议实施、建造过程中对建筑师、业主、建筑方案等多方面进行控制性的统一协调、管理;建议住宅区进行分区、分等级管理;对墙子河和泥墙子进行重新定位和规划设计;精心设计道路排水系统;最后强调城市开放与改进方案成功的关键是要不懈地坚持最初设想的理性城市精神 (图 18)。

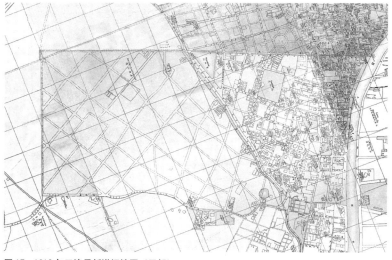

图 17　1913 年天津最新详细地图 (局部)

安德森规划方案主要考虑整个英租界内部及与周边区域的交通便捷性和经济性、采光和通风良好的健康环境等重要内容。其道路网格布置可推断是安德森大胆采用同心圆结构的四分之一圆弧形路网（与"田园城市"概念图有极为相似之处）和笔直的放射形路网（类似于源自法国并流行于美国的巴洛克式放射形林荫大道），统筹南侧大致平行于早先已存在多年的弯曲形马场道的高级住宅区（自由弯曲形路网具有英式田园风格）和北侧靠近墙子河的中国式房屋准建区（因早先已存在一些中国人居住的房屋而形成小部分的中式正南正北路网），较之1913年规划草案大大加强了英租界作为一个统一体的整体感。安德森规划直接促成具有独特城市肌理的高级住宅区——当今五大道区域——的形成；路网与马场道弯曲形态保持近似平行，并刻意避免完全的正南正北或正东正西，整体上倾向于东西向长条形的地块是为了更好地获得南向日照（图19）。

1918年安德森规划方案文本中并未提及有关"田园城市"的字眼和内容，该规划与近代西方具体的某个或某些城市规划理论没有太直接而明显的联系，而是直接受到当时英租界工部局董事会的意志和建筑师安德森的个人背景、设计手法等的很大影响。当然本文推测英租界1918年安德森规划极有可能受到英国的立法改革、"花园郊区"（Garden Suberb）[26]、"田园城市"（Garden City）和上海租界建设等的一定影响，特别是在规划方案的形式和内容上可推断出很可能受到英国花园郊区、"田园城市"理论的间接影响。

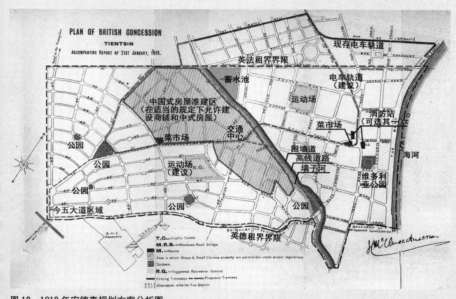

图18 1918年安德森规划方案分析图

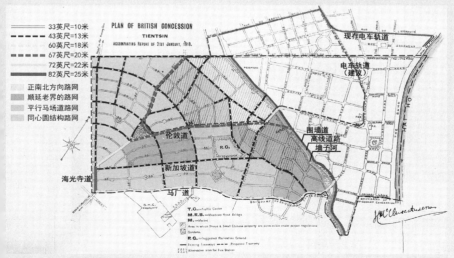

图19 1918年安德森规划方案道路系统分析图

评委点评（以姓氏笔画为序）

作为中国北方的超大型城市，天津的近代城市建设史在深度与广度上都有很大的研究空间，因此本文的选题无疑有着一定的价值。作者尝试以建筑师安德森为视角专注于英租界五大道规划研究，视角比较新颖，有比较强的文献价值。

论文的内容围绕着安德森与天津英租界双线展开，内容比较翔实，体现了作者大量的文献研究工作基础。从论文的结构看，逻辑关系也比较鲜明，体现了作者相对完整的研究组织能力。如果能够对最终成果的论述增加一定篇幅的展开，适当补充有力的证据，则最终的论点无疑会更加具备说服力。

李振宇
（同济大学建筑与城市规划学院，
院长，博导，教授）

天津英租界是近代天津城市的重要组成部分，见证了近代天津的发展历程；五大道是英租界的重要组成部分，是天津市历史文化名城中的历史文化街区，也是全国重点文物保护单位，具有十分重要的地位。对五大道历史精读和历史价值评估的意义重大。过去对于五大道的研究存在着历史资料特别是外文资料挖掘不够深入的问题。本论文以五大道规划的核心人物英国建筑师安德森为线索，澄清了作为天津英租界的主要居住空间——天津五大道的规划建设来龙去脉。一手档案史料翔实鲜活，解读分析深入，论据充分，论证条理，写作规范，所得出的结论恰当。个别内容如建筑师的建筑作品分析和五大道规划的思想源流等，囿于篇幅和史料等问题仍未论证充分，写作措辞也有待于进一步提炼。但总体来说，本论文是一篇出色的研究生论文。

张颀
（天津大学建筑学院，
院长，博导，教授）

几乎与此规划同时，安德森和乐利工程司参照上海租界建设经验共同制订的英租界建筑与卫生规范确保了规划的顺利实现。后来1922年改进方案对1918年安德森规划的西北角的弧形路网格局进行改进，地块划分趋向于方正规矩，且每个地块相对更大，一方面是对安德森规划浪漫的理想主义倾向的理性修正，另一方面反映出商业利益的驱动。

### （三）分区规划的开展

安德森规划前的1916年初，一个专门研究推广界与扩展界合并问题的委员会，提出在规划推广界时划出一片地区，只准许建造每一所价值不低于3000两白银的住宅，禁止建造低等房屋[27]。这是英租界首次提出分区规划。1918年安德森规划明确提出分区建造的想法，在推广界建造高级住宅区，在其东北面划定一片商业区域（中国式房屋准建区，渐渐演变为后来的工业区）。工业区具体位置、范围和面积几经变化（1918～1922～1930～1938年），主要是考虑经济利益的结果（图20，图21）。商业区或工业区以外的地方严格规定必须建外

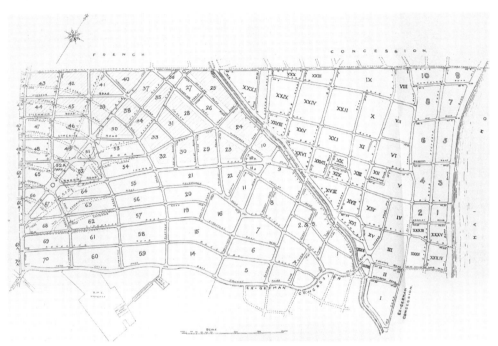

图20 1922年英租界道路规划和地块编号图

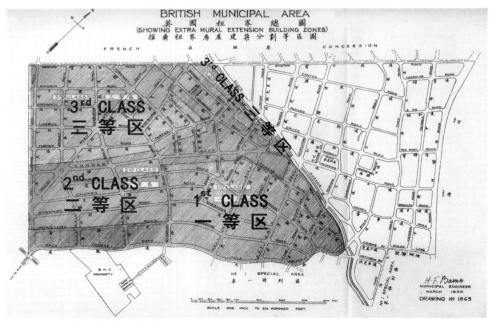

图21 1930年推广租界房屋建筑分割等区图

国式的建筑。1930 年制订的《推广界分区条例》规定："一等区系专备住宅建筑之用，二等区规划亦以住宅建筑为主，某种铺面暨商业建筑果可准许……三等区按工部局 1925 年营造条例系以铺面为主 [28]。"

### （四）实际建造过程

1918 年安德森规划之后的英租界在 1920 ~ 1930 年代大兴土木，城市成为"增长机器"。

次泥填地工程：租界当局与中国政府共同筹建的天津海河工程局，曾与英、法、德、日等租界合作，利用海河疏浚工程挖出的淤泥垫高租界低洼区域。五大道所在的推广界填土即是在安德森规划之后的 16 年间（1919 ~ 1935 年）完成的（图 22）。填土后陆续开展道路铺筑、下水道和自来水管网铺设，并建造房屋和运动场等公共设施（图 23）。

英租界道路铺筑经过土路、渣土路、碎石路、沥青混凝土路等阶段的变化。1922 年英租界董事会决定重修街道，全部改为沥青路面。截至 1935 年，英租界通过整体道路网格系统建设来撑起一个大规模新城市化地带的任务基本完成（图 24 ~ 图 26）。

1922 ~ 1940 年间，几乎每年建设量保持房屋 150 项左右，其中五大道所在的推广界建设量占据大多数（图 27，图 28）。每年的建设量、地价和房价的变化，与英租界工部局市政改革、经济危机、战争、洪灾、租界收回等因素息息相关，其中时局等因素导致大量寓公等上层人士和一批中产阶级的涌入，这直接促成了五大道区域的建成。

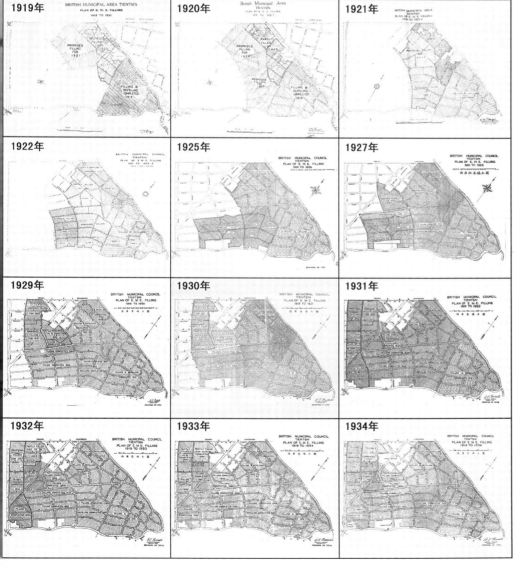

**图 22　1919 ~ 1934 年推广界填土图**

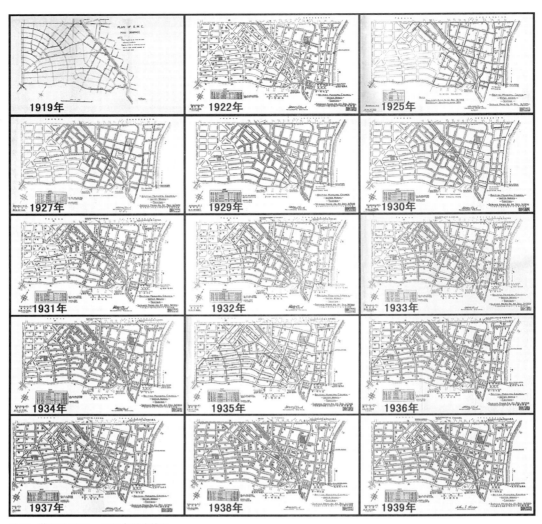

图 23　英租界 1919 ~ 1940 年总水管图

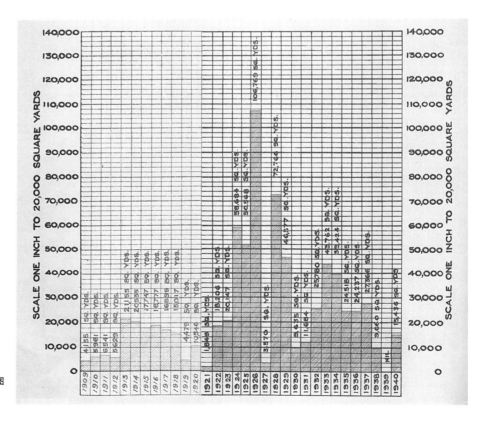

图 24　1909 ~ 1940 年筑成马路图

表 - 每年方码数

图25 伦敦道下水道卵形管铺设照片

图26 1925年压路机和 P.W.D. 汽车运输

图27 天津英租界私人建筑历年建设量对比图（1896～1925年）

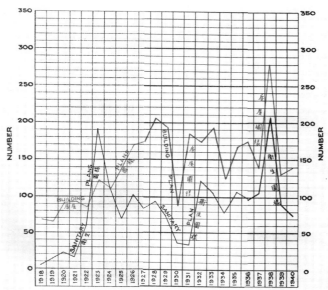

图28 1918～1940年天津英租界工部局核准房屋及卫生图样指数图

### 五、安德森与天津英租界的建筑规范

安德森在1916～1918年担任英租界工部局临时代理工程师并在1918年初完成安德森规划的同时，分别在1917年与乐利工程司的卢普、在1922年与乐利工程司的杨古，被英租界工部局聘请参照上海的经验起草天津英租界的建筑和卫生规范条例，并分别于1919年和1925年正式出版天津英租界建筑与卫生条例。1917年，"卢普和安德森欣然地同意了建筑地方条例的修订，当时的实际情况也证明是需要做出些修正的，并为此而筹备了几个月，还是有把握的。在上海，已经实施了一系列综合性的法规，基于此法规，并结合天津本地的情况，对建筑的地方法规进行了一些修改。修订后的法规有望在今年早期实施"。1922年，"英租界工部局注意到一个建筑师协会已经在天津形成，在工部局水道处的邀请下，委派建筑师联盟中的两位成员安德森和杨古协助工部局制订新的建筑条例，对街道建筑进行整体改进"[29]（图29）。

以法案形式出现的香港建筑法规更加接近英格兰的建筑法规体系，上海公共租界的建筑规范又是直接学习香港、英国和美国等的经验，而天津是直接学习上海的经验。上海公共租界的建筑法规经历了1900～1903年、1916年和1930年代3个大规模修改阶段，天津英租界建筑法规每次大的修订几乎都与上海保持推后几年的对应关系。香港的建筑控制与建筑法规是20世纪初上海市政当局的主要学习对象，香港1903年公共卫生与建筑法案的完备程

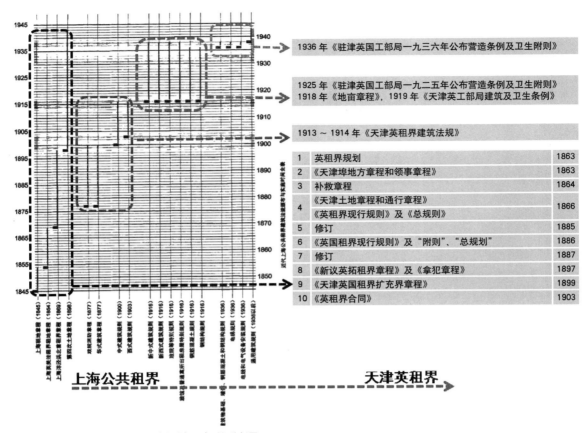

| | | |
|---|---|---|
| 1936 年《驻津英国工部局一九三六年公布营造条例及卫生附则》 | | |
| 1925 年《驻津英国工部局一九二五年公布营造条例及卫生附则》 1918 年《地亩章程》，1919 年《天津英工部局建筑及卫生条例》 | | |
| 1913 ～ 1914 年《天津英租界建筑法规》 | | |
| 1 | 英租界规划 | 1863 |
| 2 | 《天津埠地方章程和领事章程》 | 1863 |
| 3 | 补救章程 | 1864 |
| 4 | 《天津土地章程和通行章程》 《英租界现行规则》及《总规则》 | 1866 |
| 5 | 修订 | 1885 |
| 6 | 《英租界现行规则》及"附则"、"总规划" | 1886 |
| 7 | 修订 | 1887 |
| 8 | 《新议英拓租界章程》及《拿犯章程》 | 1897 |
| 9 | 《天津英国租界扩充界章程》 | 1899 |
| 10 | 《英租界合同》 | 1903 |

图 29　上海公共租界和天津英租界建筑法规颁布时间分析图

度和深度远远超过同时期（1900 ～ 1903 年）上海公共租界建筑规则，并成为 1916 年公共租界建筑法规修订的重要依据。上海公共租界市政机构在制订建筑法规过程中也大量借鉴了英国以及伦敦建筑法规的内容，有相当多的部分是完全相同的 [30]。

天津英租界建筑法规学习上海等地经验的具体内容以及结合天津本地作出的适应性修改，这些内容还需要进一步的深入研究。建筑法规的制订和实施对于营造以五大道为重点区域的英租界城市空间具有重要意义，确保了 1918 年安德森规划的顺利实施和高效、有序、卫生、健康的城市空间的生成。

## 六、结语

来自英国苏格兰爱丁堡的安德森是活跃在近代中国北方 40 年左右的知名移民建筑师，规划设计了以当今五大道为主要区域的英租界整体规划，借鉴上海经验参与起草并修订了英租界建筑规范。他和与库克一起主持的永固工程司在天津英系建筑师群体和近代天津建筑界举足轻重，在中国北方特别是天津留下大量建筑作品，其执业经历和建筑风格是近代天津建筑浪潮的一个缩影。据现有不完整史料，可认为其建筑风格以英式背景下的历史风格或折中式样为主，涉及新建筑思潮如现代主义等的作品很少。

五大道的原初规划——1918 年安德森规划方案——中并未提及有关"田园城市"的字眼和内容。本文认为该规划极有可能受到英国的立法改革、"花园郊区"（Garden Suberb）、"田园城市"（Garden City）和上海租界建设等的一定影响，特别是在规划方案的形式和内容上，可推断出很可能受到英国"花园郊区"、"田园城市"理论的间接影响。

租界在中国乃至整个东亚的发展，是伴随着殖民地扩张进程而产生的。战争、贸易、移民等因素带来的"外来影响"起到主导作用，同时留学归国人才与本土的资金、劳动力、局势等也促成了租界的发展。以安德森为代表的移民建筑师，与从欧美或殖民地来远东、来天津谋生的大量外国工程师以及接受西式教育的中国工程师，一起将先进的城市建设和建筑营造的理念、技术、设备等引入天津，推动了租界和天津的城市化和近代化。战争、贸易、移民、留学等因素，将西方的人才、技术和文化从欧美、殖民地、中国租界引入天津，进而影响到其他城市，城市和建筑的近代化或早期现代化的路径或网络需要更多的深入研究来揭示。

有大量证据能初步说明：天津英租界包括今五大道区域的规划建设和建筑营造受到英国本土、印度、新加坡、中国香港和上海租界等建设经验的影响；天津本地的政治局势和社会环境、场地因素和建筑材料等也使外来影响转化为本地适应性的城市建筑环境。而在天津城市化和近代化的进程中，以安德森为代表的建筑师、工程师对城市空间和建筑环境的形成占有一定的关键角色地位。

### 附：安德森年表

1877 年，生于英国苏格兰爱丁堡。9 岁时母亲去世。

1901 年（24 岁），在爱丁堡某个事务所担任绘图员。

1902 年（25 岁），在爱丁堡受过建筑训练后来到中国，早期在东北为苏格兰和爱尔兰传教团体设计并监理了一大批建筑，包括学校、医院、教堂和住宅等。

1908 年（31 岁），安德森设计的辽阳怀利纪念教堂建成。

1901～1910 年期间，与小其 5 岁的玛格丽特·普雷蒂·罗斯结婚。

1911 年（34 岁），女儿出生，1913 年（36 岁）儿子小安德森出生。

1912 年（35 岁）前，来到天津以个人名义开办安德森工程司行（Anderson, H. McClure）。

1913 年（36 岁），同库克接手 1906 年前成立的永固工程公司（Adams and Knolwes），成立永固工程司（Cook and Anderson）；同年在天津英租界工部局担任了半年的临时代理工程师。

1915 年（38 岁），1 月 12 日，携妻子、4 岁半的女儿、1 岁半的儿子从中国抵达伦敦，行程大致是天津－上海－横滨－上海－香港－新加坡－马来西亚－斯里兰卡科伦坡－英国普利茅斯－英国德文郡；同年，永固工程司设计的天津中西女子中学建成。

1916 年（39 岁），开始在英租界工部局做临时代理工程师（1916 年 8 月 1 日～1918 年 3 月底）。

1917 年（40 岁），英租界工部局聘请安德森和乐利工程司的卢普参照上海的经验着手修订建筑法规，二人欣然同意（1919 年《工部局条例》颁布）。

1918 年（41 岁），1 月 21 日，安德森向英租界工部局董事会提交关于英租界的规划方案，同时提议成立一个建筑师协会。

1921 年（44 岁），独自一人从英国爱丁堡出发，经利物浦港口乘船，在 6 月 10 日到达加拿大魁北克。

1922 年（45 岁），英租界工部局再次委派成立不久的天津建筑师协会的两位成员——安德森和乐利工程司的杨古，协助董事会参照上海经验修订建筑法规（1925 年工部局颁布"营造条例"）。1922 年永固工程司在天津英租界的项目有 6 个。

1924 年（47 岁）前，永固工程司设计的马大夫纪念医院新门诊楼和天津印字馆建成。

1925 年（48 岁），在库克的见证下，被确认为英国皇家建筑师学会正式会员（FRIBA）。1925 年永固工程司在天津英租界的项目有 4 个。

1927 年（50 岁），永固工程司设计的天津英国文法学校主楼建成。

1931 年（54 岁），10 月，儿子小安德森开始就读于英国爱丁堡艺术学院。

1933 年（55 岁），永固工程司负责监理建造耀华中学礼堂。

1938 年（61 岁），和另两名建筑师一起提名儿子小安德森成为英国皇家建筑师学会的候补会员。

1939 年（62 岁），8 月 9 日，安德森携其妻子和另一位女士（可能是其女儿）进入英租界时受到日军哨兵阻拦，他拒绝了哨兵要求其脱衣接受搜身的要求，经过几分钟争辩后被放行。此事被冠之以"日本哨兵的要求被拒绝"的题目登报记载。

1942 年（65 岁），8 月 10 日，逝世于天津的英美养老院（British American Nursing Home）。

### 注释：

[1] 本论文承蒙国家社科重大项目《我国城市近现代工业遗产保护体系研究》（12&ZD230）、国家自然科学资金项目"塑造创意城市：天津滨海新区工业遗产群保护与再生的综合研究"（51178293）和 2012 年度天津市教委重大项目"天津市工业遗产保护与活化再生利用策略研究"（2012JWZD4）的资助。

[2] 见参考文献 [6]，第 259 页。

[3] 参考文献 [11]。

[4] 据英国祖先网站 (http://search.ancestry.co.uk) 关于安德森的 1915 年航海记录，表格材料后面标明安德森一家四口不会在苏格兰永久居住，而是打算定居外国。这说明安德森至少在 1915 年就已决定打算一直留在中国天津生活和工作。

[5] 安德森的族谱：莱斯利史密斯家族，网址 http://www.users.zetnet.co.uk/dms/lsfamily/lesliesmith/223.htm。另见参考文献 [11]。
英国祖先网站 (http://search.ancestry.co.uk) 关于安德森的 1915 年和 1921 年航海记录等。

[6] 1901 年苏格兰人口普查，据参考文献 [11]。

[7] 见参考文献 [6]，第 259 页。另见刘海岩．通商口岸的外国人社会：以天津租界为例 [A]．港口城市与贸易网络 [C]．2013：147—184．

[8] 据英国祖先网站 (http://search.ancestry.co.uk) 关于安德森的 1921 年航海记录等。

[9] 见参考文献 [6]，第 259 页。

[10] 见参考文献 [7]，第 226 和 314 页。

[11] 见参考文献 [6]，第 259 页。

[12] The Directory and Chronicle for China, Japan, Corea, Indo—China, Straits Settlements, Malay States, Siam, Netherlands India, Borneo, the Philippines, and etc 1920. The Hongkong Daily Press, Ltd, 1920: p633.

[13] RIBA Archive, Victoria & Albert Museum, RIBA Nomination Papers. Henry McClure Anderson: F no2207 (box 4, microfilm reel 17).

[14] 见参考文献 [17]，第 39 页。

[15] 见参考文献 [7]，第 226 页。参考文献 [6]，第 261 页。

[16] The Chinese Recorder, 1908(05)：285—286. 另见网址如下：http://paperspast.natlib.govt.nz/cgi-bin/paperspast?a=d&d=CHP19080104.2.82&l=mi&e=———————10——1————0——.

[17] 见参考文献 [17]，第 39 页。金彭育《溥仪的高端时尚生活》网址 (http://ucwap.tianjinwe.com/szbz/201107/t20110710_4029765.html). 转引自维基百科 (http://zh.wikipedia.org/wiki/ 天津惠罗公司大楼)。

[18] 新门诊楼和病房大楼两座建筑以及其他辅助房屋均出现在一张 1923 年的总图，应为永固工程司设计，但病房大楼的设计者有待进一步考证。据参考文献 [17] 第 39 页和王勇则《洋医生马根济与天津马大夫医院》网址(http://www.tjdag.gov.cn/tjdag/wwwroot/root/template/main/jgsl/gsfq_article.shtml?id=4735)

[19] Report 1934：p63；Report, 1935：74. 据参考文献 [5]，第 282 页，是 John W. Willianmson 于 1927～1935 年设计，不一定正确，因据档案记录，目前仅知永固工程司负责耀华中学礼堂监理建造。据维基百科 (http://zh.wikipedia.org/wiki/ 天津市耀华中学)，第三校舍和第四校舍原本由英国人设计，后因费用较高，改由阎子亨设计。据孙亚男《阎子亨设计作品分析》第 37 页、52 页，《近代哲匠录——中国近代重要建筑师，建筑事务所名录》第 167 页，阎子亨的孙子的网络文章《著名建筑师——阎子亨》，网络文章《探寻中国近代建筑之 98——天津学校 (二)》以及英租界工部局报告 (1927～1940 年)，耀华中学建造应有最初的统一规划，且阎子亨设计了大部分的耀华中学建筑，包括第三教学楼 (1933 年)、体育馆 (1934 年)、第四教学楼 (1935 年)、图书馆 (1935 年)、办公楼或教务大楼 (1938 年) 和第五教学楼 (1945 年) 等。

[20] 维基百科 (http://zh.wikipedia.org/wiki/ 天津市耀华中学)。

[21] 见参考文献 [17]，第 39 页。

[22] 见参考文献 [4]。

[23] 见参考文献 [9]。

[24] 参考文献 [13]，第 60 页。Reports, 1914：74—77.

[25] Reports, 1917：82—93.

[26] 19 世纪末 20 世纪初，主要的工业化国家由于城市中心的高密度发展和污染使得居住环境恶化，从而兴起了在地价较低的城市边缘或郊区建设环境优美的花园郊区住宅。主要的特点表现为较开敞、低密度的独立或半独立家庭式建筑 (detached or semi-detached house)，这种建筑形式逐渐取代了传统的联排式住房 (terraced town house)。这一理念主要源自于英国的高层次乡村别墅，可以看作是发达国家自工业革命后对高密度城市中心生活方式的反思。另一个特点是产生了较为开敞的建筑布局和迂回婉转 (curvilinear) 的道路制式，与传统的紧密布局和方格式道路制式形成强烈的对比。
Whitehand, J.W.R., & Carr, C.M.H. Twentieth-century Suburbs: a morphological approach. London: Routledge, 2001. 转引自参考文献 [15]。

[27] Reports, 1915：75—81. 转引自参考文献 [10]，第 89 页。

[28] Report, 1929：34—35.

[29] Reports, 1917：12. Report 1922：35.

[30] 见参考文献 [12]，第 223—237 页。

## 参考文献：

[1] 安德森的族谱 [EB/OL]. http://www.users.zetnet.co.uk/dms/lsfamily/lesliesmith/223.html.

[2] British Municipal Council, Tientsin. Reports of the British Municipal Councils, each year, and minutes of the Annual General Meetings, the following year. Tientsin: Tientsin Press, LTD., 1895—1940.

[3] Dana Arnold. An Introduction to the Archival Material on Tianjin held in the UK and some suggestions for its Interpretation. (unpublished) Tianjin: The 2nd International Symposium on Architecture Heritage Preservation and Sustainable Development, Sept 20—21, 2010.

[4] Dana Arnold. The British Concession in Tianjin: Archives, sources and history. (unpublished) Tianjin: International Seminar for the Research on Modern Architecture Heritage in Tianjin, 2009.

[5] Yuan Fang. Influences of British Architecture in China SHANGHAI AND TIENTSIN, 1843—1943 [D]. Scotland: University of Edinburgh, 1995.

[6] Feldwick, Walter. Present Day Impressions of the Far East and Prominent and Progressive Chinese at Home and Abroad. London: The Globe Encyclopedia Co., 1917.

[7] 黄光域. 外国在华工商企业辞典 [M]. 成都：四川人民出版社，1995.

[8] 刘海岩. "五大道"早期开发建设扫描. 中国人民政治协商会议天津市委员会、学习和文史资料委员会. 天津文史资料选辑（第107辑），天津：天津人民出版社，2006：263-272.

[9] 刘亦师. 中国近代建筑的特征 [J]. 建筑师，2012，(160)：79-84.

[10] 尚克强，刘海岩. 天津租界社会研究 [M]. 天津：天津人民出版社，1996.

[11] 苏格兰建筑师数据库 *Dictionary of Scottish Architects，1840-1980*) 网站，关于建筑师安德森和小安德森的介绍：
http://www.scottisharchitects.org.uk/architect_list.php.
http://www.scottisharchitects.org.uk/architect_full.php?id=207644.

[12] 唐方. 都市建筑控制——近代上海公共租界建筑法规研究 (1845-1943) [D]. 上海：同济大学，2006.

[13] 天津海关译编委员会编译. 天津海关史要览 [M]. 北京：中国海关出版社，2004.

[14] 天津英国租界工部局. 天津英国租界工部局 1940 年董事会报告暨 1941 年预算 [R]. 天津：天津印字馆，1941.

[15] 王敏，田银生，袁媛，陈锦棠. 从房屋产权变更的角度对本土化的英国花园郊区住宅研究——以广州市华侨新村为例 [J]. 建筑师，2012，(156)：15-22.

[16] (英) 雷穆森 (O. D. Rasmussen). 天津租界史 (插图本) [M]. 许逸凡、赵地译，刘海岩校订. 天津：天津人民出版社，2009.

[17] 周祖，张复合，村松伸，寺原让治. 中国近代建筑总览：天津篇 [M]. 北京：中国建筑工业出版社，1998.

**图片来源：**

图 1：笔者改绘自 1938 年最新天津市街图 (天津市社会科学院提供)。

图 2：天津市规划局，天津市历史文化街区保护规划，2011. 另见网址 http://news.enorth.com.cn/system/2011/04/19/006393174.html.

图 3：作者改绘自 1940 年英租界修筑马路成绩图 (天津英国租界工部局. 天津英国租界工部局 1940 年董事会报告暨 1941 年预算 [R]. 天津：天津印字馆，1941,18-19)。

图 4：参考文献 [6]，第 259 页。

图 5：改绘自图 4。

图 6：The Chinese Recorder，1908(05)：284-286. 由郑红彬提供。

图 7：参考文献 [6]，第 261 页。

图 8 ～图 9：Allister Macmillan. Seaports of the Far East: Historical and Descriptive, Commercial and Industrial, Facts, Figures, & Resources. London：W. H. & L. Collingridge，1925：285, 132. 转引自参考文献 [17]。

图 10：英国伦敦大学亚非学院图书馆藏，详见参考文献 [4]。

图 11 ～ 13：同图 10。

图 14：第七批全国重点文物保护单位《天津五大道近代建筑群》申报文本，2010.

图 15：同图 10。

图 16：网络文章《探寻中国近代建筑之 98——天津学校 (二)》(http://blog.sina.com.cn/s/blog_633136db0100i8l1.html)。

图 17：天津规划局和国土资源局. 天津城市历史地图集 [M]. 天津：天津古籍出版社，2004：64.

图 18 ～图 19：笔者改绘自 1918 年安德森规划方案图，来自 Reports，1918：93 & 86.

图 20：同图 10。

图 21：Report，1930：34 & 210.

图 22：Reports，1919-1934.

图 23：Reports，1919-1940.

图 24：Reports，1927，1940.

图 25：Report，1932：24-25.

图 26：Report，1925：62-63.

图 27：作者自绘，据 Reports，1896-1925.

图 28：作者改绘自 1927，1936 和 1940 年报告中的"十年内本局核准房屋及卫生图样指数图表". Reports，1927，1936，1940.

图 29：参考文献 [12]，扉页。

张相禹
（哈尔滨工业大学建筑学院，本科三年级）
杨宇玲
（哈尔滨工业大学建筑学院，本科三年级）

# 哈尔滨老旧居住建筑
# 入户方式评析

# Harbin Old Residential Staircase
# Entrance Analysis

■摘要：哈尔滨在"八五"期间进行了异常迅速的城市改造，遗留诸多问题，如建筑不符合规范，入户方式单一，为北梯北入口等。本文从哈尔滨实际情况出发，选择典型地块，进行数据统计并测量室内外温差，了解地块内老旧居住建筑入户方式的现状，研究北入口能耗情况。对北入口的热环境进行分析，并对老旧居住建筑的入户方式提出改进措施与建议。

■关键词：老旧居住建筑　入户方式　热环境　改造

Abstract：Harbin experienced an exceptionally rapid urban redevelopment during the "Eighth Five-Year" plan period. However, the campaign still left over many problems, such as the reconstruction does not match the standard and single way of entering the staircase, etc. Selecting Typical blocks, add up the data of measuring the temperature difference between inside and outside of a staircase. Find out existing state of affairs of the blocks and energy consumption of northern staircase. Do research on thermal environment analysis of northern entrance as well as make suggestions about it.

Key words：Old Residential Blocks；Ways of Entrance；Thermal Environment；Reform

## 一、地区概况、问题与研究意义

### （一）热工分区与气候分析

黑龙江省哈尔滨市，位于亚欧大陆东部的中高纬度地区，按我国的热工分区划分，哈尔滨处于严寒地区（图1）。哈尔滨的冬季受干冷的极地大陆气团影响，气候严寒且干燥，降水极少，降雪期集中在每年的11月至次年的1月。冬季历年平均气温为 −14.2℃，其中1月最冷，平均气温为 −19.6℃。冬季全市主要盛行西南风，风速较小。有时出现暴雪天气[1]。

图1　中国热工分区图（图片摘自《民用建筑热工设计规范》GB 50176）

## （二）哈尔滨老旧居住建筑分析

### 1. 哈尔滨住宅发展

哈尔滨市第一版规划是由俄国建筑师所做，按照西方近代城市思想规划，新城具有西方"花园城市"的明显特征，由建筑围合出街道空间，城市的结构层次只具有居住区、街区、街坊3个层次，但是由于早期俄式建筑的老化与破败，具有历史性的建筑逐渐被拆除改造。对此，牟双义等在《哈尔滨近代居住建筑》[2]中有更深一步的研究。

1970～1990年期间，全国进行了大规模住宅建设。仅仅是1979～1989年的10年间，全国城镇住宅建设面积就有约13亿 $m^2$，相当于此前总和的2.59倍。哈尔滨市政府也在改革开放以及大规模住宅建设运动的指导下，确立了"旧城改造与开发新区相结合，以旧城改造为主"的建设方针。"八五"期间，全市的住宅建设量增长迅速，短短5年，新建的住宅建筑面积就达到 $1.20 \times 10^7 m^2$，远远超过"八五"计划原定的 $7.00 \times 10^4 m^2$。人均面积也由"七五"末的 $5.62 m^2$ 增加到 $7.00 m^2$。"九五"期间，新建住宅建筑面积已经达到 $1.46 \times 10^7 m^2$，人均居住面积已经达到 $9.50 m^2$，一定程度上解决了居住问题。

但由于当时主要是为解决居住现状问题，并且当时经济发展不成熟，居民对居住条件要求逐步提高，该时期建造的大部分集合住宅，目前看来，在套型和环境等方面都远远不符合当代居住的要求。但这些住宅大都还在使用年限内，不具备重建条件，因此只有通过改造来提升居住品质，达到居住要求。

### 2. 哈尔滨老旧居住建筑问题

改造并非易事，结合哈尔滨工业大学郭嵘、卢军[3]的研究结论，总结出自1987年以来，改造中出现的问题：

（1）旧居住区改建不到位，导致"未来棚户区"的形成。居住区环境方面，旧居住区改造后住宅层数一般为7～8层，大部分为无电梯的8层的住宅。目前看，建筑间日照间距不足，住宅区内公共绿地不足，居民公共交往空间缺失，加上公共设施不完善，住宅区未达到国家标准。随着老住户的流失与居住人员的流动，未来，这些住宅区很可能会成为市中棚户区。

（2）过度追求经济效益，相关法律被忽视。开发商为追求经济利益，无视法律法规，加大进深，不断增加层数，增设地下室，层数批七建八，甚至建九，建筑间距却小于1：1.5。人口密度极度增大，交通堵塞，缺乏公共设施。旧居住区环境进一步恶化。

（3）住宅造型单调平面相似。由于受经济因素的限制，在当时大量建设的住宅，都仍采用"老五二"的建造模式，改造后原平面仍被沿用，二三十年不变，加上造型单调，不利于特色城市的营造。同时由于缺乏公民参与，改造中使用的建筑技术、建筑材料落后，居民回迁后仍需根据自身需求自行进行再次改造，改造意义不大，浪费人力物力。

### 3. 老旧居住建筑入户方式与问题

一方面，为了争取居住空间，冬季防止盛行风灌注，哈尔滨居住区入户梯间几乎都采用北梯北入口的入户方式；另一方面，由于光照原因，南向入口白天室外温度较高，南向入口与室外温差较小。但目前，南北入口的耗热量与太阳辐射得热的关系研究尚欠缺，无法界定建筑能耗数值，这对入户方式的评析又产生了新问题。

4. 老旧居住建筑入户方式研究的意义

自"国六条"公布以来,政府对中小户型加大了重视程度,对住宅进行科学合理的研究后,居住区改造日益规范,居民生活环境日益改善,中小户型设计质量日益提高。但是,由于入口设置并没有经过精确的热工计算,仅通过主导风向的模拟无法决定最佳的入户方向。于是,哈尔滨最佳入户方向成为课题研究的焦点问题。

因此,对哈尔滨入户方式的研究与改造具有重大的意义,涉及能源的节约与居住单元内部光环境的改善。但是,应该如何对这些普遍存在的北梯北入口进行改造,才能既保留北梯北入口的优势,又有效解决劣势?本文先将北梯北入口与部分单元使用的北梯南入口进行对比,以了解北梯北入口存在的优劣,再根据北梯北入口的不足和优势,对北梯北入口和北梯南入口分别提出改造意见。

## 二、入户方式调查及分析

### (一) 选择调查地块

选择位于哈尔滨南岗区公司街与耀景街之间的典型地块作为调查地块 (图 2)。该地块占地 5.8hm²,住宅统一为 7 层或 8 层高,各种历史保护建筑混杂其中,如保留的哈尔滨铁路局住宅和职工活动中心等。建筑的楼梯间都设于北面,各个方向都存在入口。

住宅的整体风格保留在 1980 年代左右。楼间的日照间距和防火间距多不满足国家规范标准,并且楼间绿化较少,多为硬质铺地。根据屋顶造型差异可知,地块中的住宅楼为不同建设方所建造,这导致地块被分割,楼间相互不连通。不仅如此,由于缺少统一的建造规划,建设方为追取自身利益最大化,以邻为壑,地块的建设杂乱无章。

地块的北面为夜市街,夜间商贩云集,是附近街区的蔬果商品市场。因此,沿街住宅一层多被改造为沿街开放的商铺。但入户方式并没有被改造,依然是北梯北入口,入口临街,单元门直接朝向街道,造成很大的安全隐患 (图 3)。

本文为探究典型的北梯北入口入户方式对住宅楼的影响,以该地块作为哈尔滨典型城区改造的住宅地块进行深入分析。地块中的楼梯间均位于北面,不同的是入口朝向——主要存在北向与南向入口。对不同入口方向数量进行统计后,发现地块内北入口占多数,与哈尔滨大多城区改造的住宅地块相似,符合目前的入户方式现状;并且住宅楼相互平行,属同一时期的建筑,变量容易控制在南北入口一个变量上,可直接将北梯南入口的单元与北梯北入口的单元做对比。因此,选择该地块进行调研。

图 2　老旧居住区俯瞰图

图 3　单元入口现状

## （二）入户方式统计与分析

本文调研统计了基地内居住单元的入户朝向，依照不同街区进行了划分，通过对地块入户方式的深入调研及测量，对所得的资料和数据进行整理统计，对南北入口空间进行初步了解，简要分析严寒地区不同入口方向的优劣势。

### 1．调研数据结果（表1，图4，图5）

| | 入户朝向统计 | | | 表1 |
| 单元朝向 | 西北 | 东北 | 西南 | 东南 |
| --- | --- | --- | --- | --- |
| 公司街 | 10 | 6 | 2 | 1 |
| 耀景街 | 7 | 14 | 1 | 2 |
| 繁荣街 | 3 | 5 | 0 | 0 |
| 联发街 | 1 | 4 | 1 | 1 |
| 未知楼号 | 0 | 11 | 0 | 0 |
| 总计 | 21 | 40 | 4 | 4 |

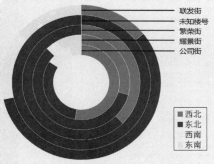

联发街
未知楼号
繁荣街
耀景街
公司街

■ 西北
■ 东北
　 西南
　 东南

**图4　各街道单元朝向统计图**

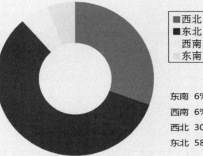

■ 西北
■ 东北
　 西南
　 东南

东南　6%
西南　6%
西北　30%
东北　58%

**图5　地块单元朝向统计图**

### 2．调研数据分析

**（1）北梯北入口：节省面积**

在中国的东北地区，大部分住户都在计划经济时代分得住房，集体工业化现象严重。在该地块中，将近1/3为哈尔滨铁路职工的住宅。为了保证每户的均等性，一层住户的面积指标在建设时与上层尽量保持相等；同时，"老五二"式的住宅自身面积较小，如一层住宅为单元入口腾出空间，会对住户的功能使用造成影响。因此，为保证一层住户的利益，地块中的住宅楼大都要选择节省空间的入户方式。

通过对实地测绘数据分析，北梯北入口的住宅楼改造后，不带地下室的单元开间约2400mm，附地下室的开间约3000mm，入户空间相对变小。一层的住户可以拥有更多的住宅面积。单元平均楼梯间面宽2400～3000mm，楼道进深约5700mm，楼梯坡度很大。相对北梯南入口单元，北梯北入口节省出一间卧室的面积（约15m²），是节省空间的最佳选择（图6，图7）。

**（2）北梯北入口：光线敞亮**

在测绘时发现，如图2-10，北梯北入口进深较小，入户门的大小足以满足居民上下楼所需要的光照条件，单元老化后仍旧保持较好的入户照明条件。然而在北梯南入户单元中，虽入口朝南，相比北入口有更好的光照条件，但由于单元楼进深较大，单元门距楼梯间距离长，入口光线不足以照到单元楼中部。而北部半层平台处才设置采光窗，使中部的入户空间较黑（图8）。尤其当单元照明设施老化后，从明亮室外进入室内感到漆黑一片，造成居民上下楼极为不便。

防寒保温在北方住宅里也尤为重要，北入口住户也通过各种措施（包括修缮单元门等）加强保温。大部分的外单元门因年久失修多失去防盗和保暖的功能，部分地下室住户利用入户空间，做成内入户双层门斗（图9，图10），一方面保证安全，另一方面可在漫长寒冷的冬季抵御严寒。

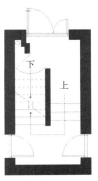

**图6　无地下室一层入户平面**

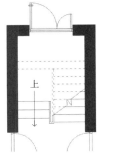

**图7　有地下室一层入户平面**

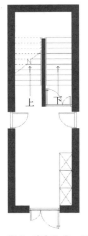

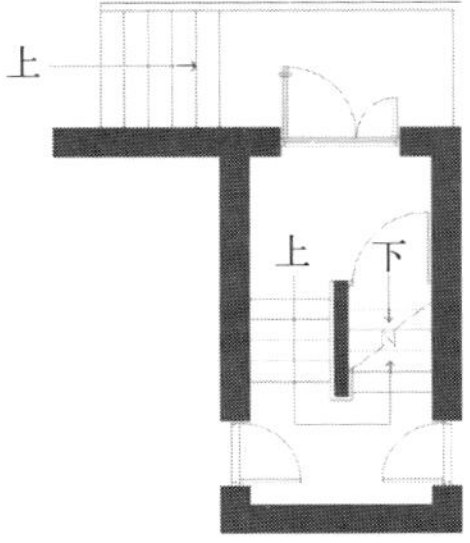

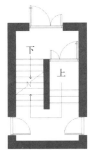

图 9　户前楼体入户平面

图 10　带地下室一层入户平面

图 8　南向入户一层

(3) 北梯南入口：室内较暖

经逐一统计与调查，发现哈尔滨在正午时，南向入户的楼梯间普遍较暖。虽然哈尔滨冬季主导风向为西南风，但是由于南入口入户空间长，在入户前形成了良好的气候缓冲区[4]，一层住户的门前温度即使在寒冷的一月份也能够保持在 20℃ 左右。另外，由于太阳辐射，导致室外温度南向相比北向平均高出约 1.5℃（表 2）。所以，需要着手测定南北入口的能耗，以确定入口的最佳朝向。

冬季不同朝向室外平均温度测量表　　　　　　　　　　　　表 2

| 测量点 | A1(℃) | A2(℃) | B1(℃) | B2(℃) | C1(℃) | C2(℃) | D1(℃) | D2(℃) |
|---|---|---|---|---|---|---|---|---|
| 2013/11/21 | −0.1 | −1.5 | −2.1 | −2.4 | −0.6 | −0.3 | −2.5 | −2.5 |
| 2013/11/22 | −0.5 | 0.0 | −1.8 | −1.1 | −0.6 | −0.9 | −1.6 | −1.4 |
| 2013/11/24 | −0.9 | −0.5 | −1.4 | −1.6 | −0.9 | −1.0 | −2.1 | −1.9 |
| 2013/11/27 | −6.9 | −6.7 | −8.6 | −8.9 | −7.0 | −7.7 | −8.9 | −8.9 |
| 2013/11/29 | −5.0 | −5.4 | −7.2 | −7.2 | −4.5 | −5.1 | −7.2 | −7.1 |
| 2013/12/1 | −1.0 | −1.1 | −2.3 | −2.1 | −1.8 | −1.6 | −3 | −2.4 |
| 2013/12/3 | −3.0 | −3.0 | −4.4 | −4.2 | −3.5 | −3.3 | −4.5 | −4.7 |
| 2013/12/6 | −4.3 | −4.1 | −5.0 | −5.1 | −2.7 | −2.6 | −5.2 | −5.1 |
| 2013/12/13 | −7.6 | −7.7 | −9.1 | −9.3 | −8.1 | −8.0 | −10.6 | −10.7 |
| 2013/12/15 | −8.6 | −8.9 | −10.5 | −10.6 | −10.4 | −9.2 | −11.4 | −11.1 |
| 2013/12/16 | −8.8 | −9.4 | −9.9 | −9.8 | −7.3 | −7.9 | −10.5 | −10.2 |
| 2013/12/21 | −9.3 | −9.5 | −10.9 | −11.2 | −10.5 | −10.2 | −11.7 | −11.5 |
| 2013/12/22 | −11.3 | −11.1 | −12.6 | −12.5 | −10.9 | −11.2 | −12.3 | −13.8 |

3. 入口热环境分析

(1) 测试内容

由图 5 得出，地块内 88% 的单元由西北或东北向入户。西南与东南向入户的单元多由于场地限制或在楼间仅在转角处出现。因此，在天气晴朗、西南风 2～3 级的特定天气条件下，选取具有普遍性的建造时期相同、结构相似的多层居民楼（本文标示为 A 楼和 B 楼）的阴阳面分别进行入口处温度的测量。为了控制变量，两楼西南向均为马家沟（哈市内渠，图11，图12），以保证相同的室外风条件。A 楼沿东南－西北方向布置，B 楼沿东北－西南方向，对测量结果进行统计分析并为 TRNSYS 软件节能性模拟测验提供基本数据。

(2) 温度测试仪器

在严寒地区冬季，建筑中较为干燥，湿度较小。所以，在本次试验中只记录温度关系。试验中使用的测量仪器为 TASI–605 电子温湿度计（图13）。该温湿度计测量范围为 −200℃ ～ 1050℃，测量精度为 ±0.1℃。哈尔滨温度变化包含在该温度计测量范围内。

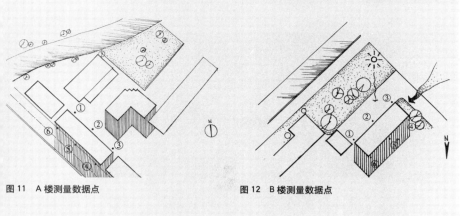

图 11　A 楼测量数据点　　　　图 12　B 楼测量数据点

图 13　温度测量仪器

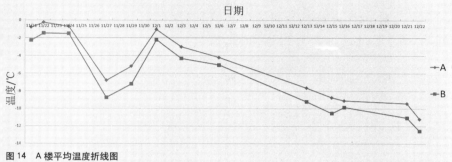

图 14　A 楼平均温度折线图

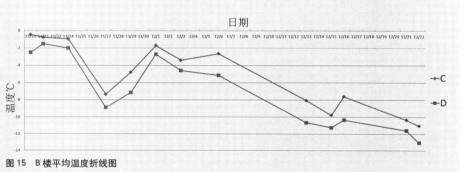

图 15　B 楼平均温度折线图

(3) 温度测量时间

为探究不同入户方式在不同温度下对单元楼保温节能的影响，本文选取最能体现哈尔滨冬季逐渐降温至最低气温的时间段——2013 年 11 月至 2014 年 1 月间天气晴朗的正午 12:00 至 13:00——作为调查的时间段。

(4) 温度测量方法

运用网格测点方法，在两个单元外分别选取 6 个点，针对测试的内容及要求，测试仪器选择温度测试仪，于每个测点处，待温度测试仪读数浮动较小后，每隔 10s 将所显示读数记录下，每个测点记录 5 个读数，排除误差较大的数据后，求得平均数得到每个测点的温度。分别将 6 个测点得到数据进行计算，得到该种入户方式下入户空间不同方向的平均温度，再用两单元的数据进行对比分析（图 14，图 15）。

(5) 热环境数据

通过将向阳区与阴影区进行对比以及入口热环境分析发现，A、B 两楼在正午时段入口处的平均温度南向较北向高出约 1.5℃，且风向的影响较小。随着温度的逐渐降低，两者温差保持恒定。得出平均温差与具体数据后，可将其作为 TRNSYS 软件的基本数据，对后文改造建设的节能性进行模拟测试。

4．统计分析结果

虽然北梯北入口热环境较北梯南入口较差，但同样存在优势，有其存在的必要性，无需进行大规模的朝向改造，而应针对不足进行微型改造。并且，北入口进深短，应着重考虑加大进深从而形成气候缓冲区；南入口楼道幽深光线不足，应增加光照摄入。通过改造，使整个小区的入户方式都得到提升。

### 三、改进意见

诺伯格曾说："住宅的意义是和平地生存在一个有保护感和归属感的场所，随着人们物质文化生活水平的不断提高，对住宅的需求也不仅仅满足于拥有这样一个场所，其对住宅的舒适性、人性化及个性化的要求也越来越高"。但随着社会的发展和住宅公共设施的老化，原有的入户方式愈加不能满足人们日益增长的对个性化、舒适性的需求。

本文通过具体分析，从入口方向、保温技术、利用太阳能等具体措施出发，提出具体可行的改进方法，希望在为住户提供一个明亮温暖的入户条件，并且与院落呼应，形成有机的院落环境。

#### （一）改造北梯南入口

哈尔滨虽位处我国的东北部，但冬季天气晴朗时，日照时数相对较长。根据统计结果显示，哈尔滨冬季12月份时，各朝向墙面上接受的太阳辐射照度可以提升室外温度约1.5℃。在辐射强度方面，资料显示，南向最高照度为3095W/m²·24h，而东西向则为1193W/m²·24h，北向为673W/m²·24h。因此，在哈尔滨，控制住宅单元入口合理朝向有助于充分利用太阳辐射，减少供热消耗（图16，图17）。

北梯南入口虽然保温效果好，但采光不足。可通过在南向开适当大小的窗解决。同时，通过采光使梯间升温，减小室内能耗。

但门窗传热是由热辐射、对流和导热3种形式共同作用的结果。增大南向开窗面积一方面增大了热辐射作用，另一方面也加快了窗通过导热与对流换热形式向室外传递的热量。

根据《节能住宅设计中耗能量的计算》[5]可得知，以下为窗户通过导热散失热量的公式：

$$HG(n)=KF[t_o(n)-t_r(n)]$$

式中　K——玻璃窗的传热系数，W/m²K

　　　　F——玻璃窗的面积，m²

　　　　$t_o$——n时刻室外空气温度，℃

　　　　$t_r$——n时刻室内空气温度，℃

　　　　(HG) n——玻璃窗的导热量

根据公式可知，通过玻璃窗的传热量与窗面积成正比。由此，在哈尔滨确定南向窗的得热正负关系尤为重要。

天津大学王立群[6]对建筑外窗与太阳辐射得热的关系进行了研究。以京津地区为例，3.3m×4.8m的房间与一扇面积为1.5m×1.5m的窗，得热量达到21.7W/m²，而京津地区的耗热量指标仅为20.5～20.6W/m²。另外，经过实际测定，在大寒日天气晴朗时，南窗全天累计得热量为正。同理，哈尔滨的日照充足，11月至次年3月份总日照时间与全各城市相差无几（表3），南向窗在寒冷的冬季同样能够获得充足的辐射能量。

由此推断，即使在大寒日，南向外窗，如采用中空玻璃窗等传热系数低的窗构件，窗墙比增大对节能有利，故南向不必限制窗墙比，仅需考虑夏季防热（图18，图19）。

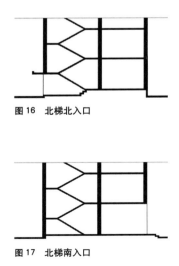

图16　北梯北入口

图17　北梯南入口

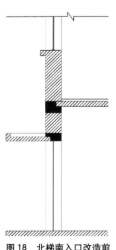

图18　北梯南入口改造前

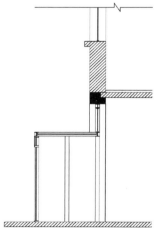

图19　北梯南入口改造后

部分城市 1999 年至 2003 年 11–3 月份总日照时间统计　　　　　　　表3

| 时间<br>城市 | 1999 年 | 2000 年 | 2001 年 | 2002 年 | 2003 年 | 日平均 |
|---|---|---|---|---|---|---|
| 北京 | 874 | 1010 | 983 | 926 | 854 | 6.2 |
| 天津 | 869 | 795 | 780 | 711 | 732 | 5.1 |
| 哈尔滨 | 790 | 781 | 826 | 632 | 770 | 5.0 |
| 长春 | 978 | 996 | 1024 | 842 | 945 | 6.3 |
| 青岛 | 862 | 918 | 890 | 828 | 844 | 5.8 |
| 石家庄 | 802 | 648 | 735.8 | 811 | 674 | 4.9 |

注：表格摘自《严寒地区住宅建筑日照优化设计研究》傅文裕[7]

基地中楼体均为混凝土浇筑，入口两侧为承重墙，楼层间用圈梁浇筑。所以，单元入口的过梁并无实际承重功能，在改造时可将过梁与雨棚去掉，节省出圈梁下净高用于采光。在不改变入户单元门净高的前提下，将入户空间拓展形成防寒门斗。门斗仅起防寒功用，因此，进深过大可能对梯间内照明造成阻挡，门斗进深推荐 1500mm，留出住户短暂停留的空间就已足够。

门斗的材料使用钢材与玻璃，混凝土浇筑虽然能够减小热量散失，但是楼梯间内的照明度会明显降低。总体来说，改造扩大了楼梯间的整体受光面积，形成了气候缓冲区，在热耗与南向采光面积呈反比的哈尔滨，有助于实现采暖能耗减小的目标。

### （二）北入口加入做突出门斗

本文设计的门斗充分考虑哈市的气候特点，为寒冷的北入口提出切实的解决方法。

1. 突出门斗改造设计

西南向季风为哈尔滨冬季主导风，主导风向为西南向。根据黑龙江气象局的统计资料显示，自 2011 年 1 月至 2014 年 1 月，发生在哈尔滨的东北风仅 27 天，东风 14 天，且大部分发生在夏秋季，可见东向为背风朝向。将单元门朝此方向可以规避冬季主导风向。

并且，哈尔滨工业大学的赵丽华[8]经过研究得出，与门斗的两扇平行门相比，当双层门为垂直布置时，室外冷空气对室内的影响最小，对室内环境的影响集中在内出口，室内温度场相对稳定。朝东的入户门斗可以形成 L 型的入户空间，在门斗形成气候缓冲区，减小风压，有效地防止冷空气灌入。所以，改进后的门斗侧面开门，形成 L 型入口平面空间形式。

本文结合马小满等[9]对多层建筑入口的思考，本门斗的宽度可采用 2700mm，正好对应住宅区中较为普遍的楼梯间开间。侧门开启时，内部还保留居民存放杂物的空间。门斗内地面的标高，比楼梯间起步处地面标高低 20mm，较入口外台阶或散水高 100～130mm，可防止门斗内雨水的灌入。

为防止门斗挡光，造成室内的黑暗，尽量在正对门斗的北部采用透明通透的材料以提升室内照度。西面采用具有蓄热能力的混凝土墙抵御冬天的寒风，夏天可防止西晒。另外，北侧混凝土墙体可以在上部安装单元灯增强单元照明，加入单元标识，为安装外挂式奶箱信报箱等设施提供空间，解决住户切实的生活问题（图 20～图 22）。

**评委点评**（以姓氏笔画为序）

城市旧住宅的节能是一个非常小（因为针对的对象是小部分的居住者），但又非常有普遍意义的课题。旧住宅入口空间的节能改造不仅可以改善居住者的生活，也可以为旧住宅和既有社区注入新的活力。从身边切实的小问题、普遍问题入手开展研究工作，敏锐的选题、立足日常生活的研究态度，都是非常值得表扬的。

最后的研究成果较好地体现了作者对城市小气候的学科背景与基础研究方法的较完整掌握。作者通过实证研究与针对性的微观环境改善计划所展现的研究能力与实干精神，以及对于学术规范的遵守都值得表扬。而作者独立的研究成果体现了本科生中非常突出的研究与写作能力。

李振宇

（同济大学建筑与城市规划学院，

院长，博导，教授）

图 20　北梯北入口现状

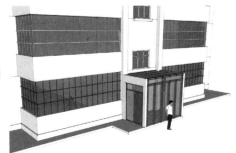

图 21　北梯北入口改造示意图 A

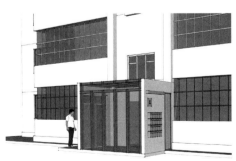

图 22　北梯北入口改造示意图 B

2. 温度模拟测量

为了确定改造对入口热环境的具体影响，本文采用 TRNSYS (Transient System Simulation Program，即瞬时系统模拟程序) 对入口改造前后空间内温度进行分析。TRNSYS 是一款模块化的动态仿真软件，只需给定输入条件，就可以对太阳能、供热系统等进行模拟分析。

结合上文测得的基本温度数据与哈市气象数据，选取 1 月 7 日 (第 144 ~ 167 小时) 作为模拟时段，分别模拟出该时段北梯北入口改造前与改造后的入口内温度 (表 4)，并进行对比分析。

由图 23 可得，即使在哈尔滨寒冷的 1 月 7 日 (靠近农历的大寒)，在北入口加设门斗，可在大部分时段内提升入口温度 1 ~ 1.5℃ 左右，可有效防止热量的散失，保证居民楼内的供热效率。

3. 门斗辅助技术

对于多数采暖地区的建筑来说，太阳辐射是冬季主要辅助热源，利用混凝土的二次放热，可一定程度上减小建筑对供热设施的依赖。另外，门斗的两侧墙体结构，还可在墙体厚度、空气夹层、材料使用上进行更深一步的研究。

(1) 墙体厚度采用 100mm

根据大连理工大学的孟世荣[10] 对集热式墙体冬季的热性能进行的研究，可以得出，墙体的厚度变化带来的总负荷变化在 2% 以内，虽墙体厚度的增加可以减小室温波动幅度，利于保温，但是总体上，墙体的厚度对温度的影响偏小；另一方面，门斗内的空间较为局促，采用 100cm 厚的混凝土墙即可。

(2) 设置空气夹层

在墙体外表面与玻璃盖板间设置空气夹层阻止热量的散失。西安建筑科技大学的王斌[11] 的研究表明，随着夹层厚度增加，夹层空气与墙表面对流换热加剧，热阻却逐渐增加，抑制传热过程，作用相反。经计算，夹层厚度在 50 ~ 100mm 间较合适。所以，可以在考虑经济适用的前提条件下，为两侧混凝土墙设置空气夹层。

<br>

门斗改造模拟数据 表 4

| TIME(H) | 144 | 145 | 146 | 147 | 148 | 149 | 150 | 151 |
|---|---|---|---|---|---|---|---|---|
| | −21.09 | −21.28 | −21.52 | −21.76 | −22.03 | −22.41 | −22.80 | −23.16 |
| TAIR_ENTRANCE(℃) | −19.35 | −20.13 | −20.34 | −20.46 | −20.75 | −21.22 | −21.55 | −21.80 |
| | −21.09 | −21.28 | −21.52 | −21.76 | −22.03 | −22.41 | −22.80 | −23.16 |
| TIME(H) | 152 | 153 | 154 | 155 | 156 | 157 | 158 | 159 |
| | −23.53 | −23.50 | −23.05 | −22.91 | −22.73 | −22.34 | −21.84 | −20.73 |
| TAIR_ENTRANCE(℃) | −22.05 | −22.35 | −22.04 | −21.85 | −21.55 | −21.35 | −21.05 | −20.55 |
| | −23.53 | −23.50 | −23.05 | −22.91 | −22.73 | −22.34 | −21.84 | −20.73 |
| TIME(H) | 160 | 161 | 162 | 163 | 164 | 165 | 167 | 168 |
| | −20.26 | −20.25 | −20.40 | −20.61 | −20.83 | −21.10 | −21.43 | −21.80 |
| TAIR_ENTRANCE(℃) | −20.04 | −19.85 | −20.35 | −20.45 | −20.65 | −20.86 | −21.01 | −21.40 |
| | −20.26 | −20.25 | −20.40 | −20.61 | −20.83 | −21.10 | −21.43 | −21.80 |

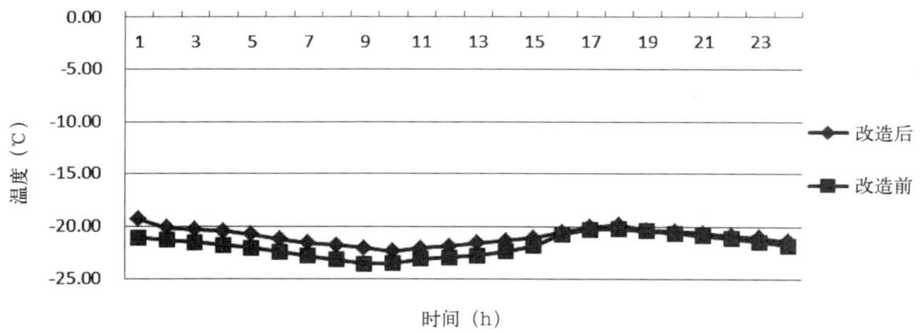

图 23 模拟单元室内温度对比

（3）可集热板与吸热涂料等表面材料

在增加表面吸热与特殊材料方面，孟世荣对采用集热板时的室内的温度进行了研究，室内平均空气温度较不采用时高出 2.6℃。高透射率、低反射率、低导热系数的玻璃盖板可增加到重质墙体外表面的太阳辐射，增加室内得热。这同样是提升室内温度、提升节能效率的有效方法。

## 四、综述

哈尔滨式老旧居住建筑在哈尔滨市内数量多、面积广，但由于公共设施的老化与居住条件的恶化，需要对区内环境进行广泛深入的研究。本文采用调查统计与模拟实验的方法对老旧居住建筑入户方式进行了评析，并且得出了具体改造的手段，所得结论对哈尔滨市居住区改造与新建房屋入户设计有一定的理论意义和应用价值。

哈尔滨市老旧居住建筑由于历史原因，改造时存在多种问题，包括居住区建设混乱、建筑形态单调与忽视相关法律等等；另外，由于建筑的老化，冬天居民楼内的采暖保温面临较大问题。

对特定地块进行调查统计得出，地块内的居住建筑入户方式较为单一，多数进深较浅，其中北梯北入口占有较大比例，但南北入口对保暖而言各有优缺。本文还对相同风条件下的不同朝向的入口温度进行了统计分析，北向较南向入口在正午时温度高约 1.5℃。

最后，对于提出北入口改造与南入口加建门斗的改建方式，使用模拟软件 TRNSYS 模拟其温度变化，证明了节能效果，并引用文献研究成果对改建技术做出建议。

## 注释：

[1] 张雪梅,陈莉,姬菊枝,王冀,王永波,郭魏兰. 1881-2010 年哈尔滨市气候变化及其影响[J]. 气象与环境学报. 2011, 27 (5)：13-20.

[2] 牟双义, 藏勇. 哈尔滨近代居住建筑研究 [J]. 哈尔滨职业技术学院学报, 2004：1-2.

[3] 郭嵘, 卢军. 哈尔滨旧居住区改造策略研究 [J]. 哈尔滨工业大学学报, 2002：2-3.

[4] 燕文姝. 建筑入口气候缓冲区的设计方法研究 [D]. 大连理工大学学位论文, 2009：11-21.

[5] 何水清, 朱兴连. 节能住宅设计中耗能量的计算 [J]. 房材与应用, 2002：2.

[6] 王立群. 北方寒冷地区居住建筑外窗节能设计研究 [D]. 天津大学学位论文 2007：58-70.

[7] 傅文裕. 严寒地区住宅建筑日照优化设计研究 [D]. 哈尔滨工业大学学位论文, 2008：6.

[8] 赵丽华. 严寒地区建筑入口空间热环境研究 [D]. 哈尔滨工业大学学位论文, 2013：55-58.

[9] 马小满, 蒋良禹, 蒋洪宁. 多层砖混住宅楼门斗设计的几点思考 [J]. 辽宁工程技术大学学报, 2010：3-4.

[10] 孟世荣. 集热蓄热墙式太阳能建筑冬季热性能的模拟研究 [D]. 大连理工大学学位论文, 2005：39-47.

[11] 王斌. 集热蓄热墙传热过程及优化设计研究 [D]. 西安建筑科技大学学位论文, 2012：51-54.

（以上为此次竞赛部分获奖证书）

## 评委点评（以姓氏笔画为序）

论文从哈尔滨老旧住宅建设背景和能耗问题入手，在实地测量和分析住宅南北向入口热环境基础上，提出较为可行的住宅改造方案，并通过软件模拟和构造设计，验证和完善入口改造措施，逻辑清晰、观点明确、结构完整，是一篇不错的学术小论文。

文章紧扣节能减排和建筑低能耗的时代主题，细节着眼、立足实处，既解决严寒地区居民冬季日常出入的舒适度问题，又提出能够一定程度降低出入口热损失的构造做法，为其他相关研究提供了参考。

设计需要逻辑和限制。"低能耗"与"舒适度"需要在方案设计阶段予以充分考虑，而非待到方案完成甚至项目竣工后再采取不得已的措施解决。从这一点看，此文亦具有一定启示意义。

本文语言生动简洁，通俗易懂，虽在科技论文规范性方面有待提高，但对于本科学生来说已较难得，实属一篇本科论文佳作。

张颀
（天津大学建筑学院，
院长，博导，教授）

论文选题紧密结合我国快速城市化进程中的热点问题，以旧城改造中居住建筑的舒适性改善为切入点，采用调查统计与实验模拟的方法对哈尔滨老旧居住建筑的入户方式进行研究，在充分翔实的数据分析基础上，提出了具有针对性的老旧居住建筑改造措施。论文作者具有比较敏锐的洞察力与严谨求实的研究态度。论文选题适度，研究方法适当，研究扎实，文笔流畅，研究成果对于促进我国老旧住宅改造发展具有一定的现实意义。

梅洪元
（哈尔滨工业大学建筑学院，
院长，博导，教授）

# 《中国建筑教育》栏目介绍

### （欢迎投稿）

  《中国建筑教育》由全国高等学校建筑学学科专业指导委员会，全国高等学校建筑学专业教育评估委员会，中国建筑学会和中国建筑工业出版社联合主编，是教育部学位中心在 2012 年第三轮全国学科评估中发布的 20 本建筑类认证期刊（连续出版物）之一，主要针对建筑学、城市规划、风景园林、艺术设计等建筑相关学科及专业的教育问题进行探讨与交流。

  《中国建筑教育》涵盖以下栏目：主编寄语、要闻与特稿、专栏、建筑设计与教学、联合教学、众议、基础教育、研究生教育、海外动态、建筑历史与理论研究、教学笔记、教学问答、作业点评、书评、建筑作品、学术与争鸣、竞赛速递、名师素描、我怎样学建筑、教材导读、菁菁校园、校园动态、编辑手记等。

  每期栏目灵活设置，每期根据情况设一个主题或者专栏，其他栏目的设置也尽量以较多的资讯、灵活的形式出现，力图使文章具有很强的可读性，展现当代建筑教育成果的丰富性与各异性。

  其中，各主要栏目定位如下：

**要闻与特稿**
    ——针对当下建筑教育领域重要事件或活动的综合报道；建筑教育相关政策法规解读；教育、教学的纲领性文件。一般为特约稿件。

**专  栏**——每期设定某一核心话题，可根据建筑学教学主题、有影响的学术活动、专指委组织的竞赛、社会性事件等制作组织专题性稿件，一般为特约稿件。

**建筑设计研究与教学**
    ——建筑设计教学中理论性的研究与思考，对建筑教学实践中教学模式、学习方法等系统性的介绍与评述。

**联合教学**——对于国内及国际间各高校联合教学实践的探讨与教学成果的分享。

**众  议**——每期设定一个话题，进行简短的评述与争鸣，文章字数控制在 2000 字以内。

**教学笔记**——关于建筑教学探索、基础教学、教学记录与感悟，以及与学生互动等方面的呈现。

**教学问答**——建筑教学中出现的问题，可以由老师也可以由学生提出，然后请名师解答，还可以设话题征集。

**作业点评**——请有经验的教师点评学生的课程作业，讲解设计心得与设计研究方法。

**书  评**——国外新书和经典著作评述与导读，国外建筑教育类杂志综述。

**教材导读**——普通高等教育"十一五"国家级规划教材，以及高校建筑学专业指导委员会规划推荐教材等重点系列教材的介绍与推荐。

**菁菁校园**——各院校的院刊、系刊等学生刊物的优秀文章选摘。

**校园动态**——各院校的新闻与活动资讯一览。

  注：以上栏目长期欢迎投稿。

# 2015·《中国建筑教育》关于 "我眼中的建筑系" 系列专辑及图书内容的征稿

　　继《中国建筑教育》总第 7 册 "众议" 栏目推出 "我眼中的建筑系" 专栏文章之后，勾起了我们每一个建筑人内心的波澜，同时也收到来自业界各方的好评。微信平台刊发之后，获得了几千次的点击量，并引发了转载和评论的热潮。收到这些反馈信息之后，2015 年，《中国建筑教育》决定深度完成这个专题——一个关于 "建筑系" 的系列文章，深度挖掘 "你、我、他眼中的建筑系"，主题可针对 "我眼中的 × × 大学建筑系"、"我看建筑系学生"、"忆当年的建筑系"、"另类的建筑系" 等等诸如此类的话题（注：鉴于早年的 "建筑系" 现已基本升级为 "学院"，本文建筑系系列内容均涵盖 "学院" 范畴）。

　　征稿范围不局限于建筑学人，同时也欢迎有感于建筑系或有建筑学情节的各方朋友加入我们的话题讨论。征稿文章均为一两千字的短文（长亦不限），期待您赐稿。该系列专辑计划于 2015 年陆续在《中国建筑教育》上刊发，并将择优结集出版，请您于 6 月 20 日前将稿件发给编辑部。感谢配合！

　　此话题策划，是在鉴于继最初的 "老八校" 之后，国内建筑系犹如雨后春笋般开展起来，每个高校走出来的建筑学子身上带着不同的特质，走向建筑行业的各个层面。有的作为明星建筑师频频有建筑作品出现在 "建筑圈" 内，有的继续投身 "建筑系" 的教学事业之中，有的学子则游走在 "建筑圈" 周围，背离建筑大舞台，经营着建筑行业的后台工作。然而，不管我们身处哪个位置，我们似乎并没有离 "建筑系" 那么远。

　　如果你曾是建筑系的学生，你怎么看待自己当年所在高校的建筑系，那时，你的建筑学生活是如何展开的，让你记忆中抹不去的场景是什么，是第一次站在大家面前讲图，还是第一次动手完成模型的制作？是去图书馆 "描图" 练习手绘、积累素材的场景，还是和同学一起为某个建筑进行抄绘、记录、走访询问的情形？如今回头看来，你认为现阶段的 × × 大学建筑系有无改进之处，该如何进行，又有何种期待？

　　如果你是非建筑专业学生，你眼中的建筑系有何特殊性，是那些令人羡慕的外出实习机会，还是背着画板图纸 "肆意" 在校园中穿行的诱惑？与其他专业相比，建筑系是不是应该与社会进行更多的 "互动"，建筑系的学子能否帮助社会解决问题？

　　请从你的视角，来说说你眼中的建筑系。欢迎曾经从建筑系的 "象牙塔" 中走出、并持续关注建筑的你，以及不曾是建筑系学子、但有感于建筑系发展与未来的你，道出你们内心的言语与感触。

　　文稿可以涵盖但不只限于上述内容，文题可自拟。

## 文稿须知：

　　1. 文稿字数一般在 2000 字以内，可适当放宽；

　　2. 文稿末尾请注明作者信息及联系方式，包括作者单位、职务、职称及地址、邮政编码、联系电话、E-mail 等（见刊后会邮寄样刊一本，平邮方式，请务必填写方便收到样刊的地址）；

　　3. 请附每位作者近照一张（彩色、黑白均可，以头像清晰为准，见刊后约一寸大小）；

　　4. 文中若有附图，图片需制作成 jpg 格式的电子文件，并在光盘中单独存放，注明详细的图号、图题；图片文档尺寸一般不小于 10×10cm，分辨率不得少于 300dpi，以保证印刷效果；

　　5. 文稿可通过电了邮件（WORD 文档附件）发送，请将稿件 email 至：2822667140@qq.com；

　　6. 本期来稿截止日期：2015 年 6 月 20 日，烦请配合。

## 编辑部信息

联系方式：中国建筑工业出版社期刊年鉴中心《中国建筑教育》编辑部
编辑部：北京市海淀区三里河路 9 号　住房和城乡建设部北配楼　中国建筑工业出版社 514
邮编：100037　电子信息：2822667140@qq.com；联系电话：010-58933415
联系人：李东　陈海娇

The Media Architecture Biennale

# 国际媒体建筑双年展及高峰论坛在丹麦举办

中央美术学院媒体建筑工作室供稿

国际媒体建筑双年展MAB（The Media Architecture Biennale）2014，由丹麦奥胡斯大学(University of Aarhus)与国际媒体建筑协会（Media Architecture Institute）共同主办。

本届媒体建筑双年展的主题是"世界城市"（world cities）。双年展汇聚了来自于世界各个城市的、拥有多元化思想的先锋人物和探索者，包括建筑师、设计师、学者、艺术家、产业专家和政府官员等。参会嘉宾就媒体建筑在未来城市发展中的作用以及媒体建筑之于"世界城市"主题的积极应对策略，展开了激烈的讨论，并在此基础上探讨了媒体建筑在社会、文化和商业领域的巨大发展潜力。

本届双年展历时3天（2014.11.20~2014.11.22），由学术会议、系列研讨会、展览和颁奖典礼等环节组成，多种主题的讨论会与学术会议和展览穿插进行。主会场选在Godsbanen和奥胡斯图书馆（Library of Aarhus），由国际媒体建筑协会创始人Gernot Tscherteu和奥胡斯大学教授Morten Lervig共同策展，是国际上迄今为止规模最大的媒体建筑展览——共展出了80件来自于世界各地的媒体建筑案例，以及35位艺术家和艺术团体的相关作品。

学术会议部分是与美国计算机协会（ACM）合作举办，包括十余场学术报告和座谈会，由大会主席Martin Brynskov与联合主席Gernot Tscherteu共同主持。中央美术学院建筑学院副院长常志刚教授作为唯一一位亚洲的特邀嘉宾，在主会场"Black Box"进行了关于"媒体建筑的发展线索"的主题演讲，从建筑学的视角对媒体建筑的历史脉络和发展趋势进行了系统梳理和分析。同时还有其他12位嘉宾也分别做了主题演讲，包括：Simon Ewings（Snøhetta事务所建筑师）、Uwe R. Brückner（ATELIER BRÜCKNER事务所主持）、Daan Roosegaarde（Studio Roosegaarde 事务所主持）、Adam Greenfield（Urbanscale创始人）、Jan Edler（realities:united事务所合伙人）和Thorsten Bauer（URBANSCREEN创意总监）等人。

国际媒体建筑协会主席M. Hank Haeusler博士希望2015年的媒体建筑峰会可以与中央美术学院联合举办，以加深国际媒体建筑协会与中央美术学院建筑学院的合作。

颁奖典礼是双年展的最后一个活动，主要奖励在建筑、媒体和交互设计等交叉领域做出突出贡献的卓越项目，奖项分为五大类：Animated Architecture，Spatial Media Art，Participatory Architecture and Urban Interaction，Money Architecture，Future Trends and Prototypes。其中，中国的武汉汉街万达广场项目在Money Architecture奖项中获得表彰。

realities:united DE
Adam Greenfield US/UK
Nanna Verhoeff NL
Chang Zhigang CN
and many more...

**MAB14**

Media
Architecture
Biennale 2014
Nov 19-22

Aarhus, Denmark

WORLD
CITIES